FINA Deutschland GmbH
Bleichstraße 2-4
D-60313 Frankfurt am Main

Ursprünglich veröffentlicht in der Reihe „Technische leergangen" unter dem Titel „Hydraulische systemen. Berekeningen" von Educatieve en technische uitgeverij DELTA PRESS BV, Overberg, gem. Amerongen, Niederlande.

© 1991 by Educatieve en technische uitgeverij DELTA PRESS BV, Overberg, gem. Amerongen, Niederlande

Zusammengestellt durch Ing. R. van den Brink

Deutsche Übersetzung:
unitext® GmbH, Berlin

Alle Rechte vorbehalten
© Friedr. Vieweg & Sohn Verlagsgesellschaft mbH,
Braunschweig / Wiesbaden, 1993

Der Verlag Vieweg ist ein Unternehmen der Verlagsgruppe Bertelsmann International.

Das Werk und alle seine Teile sind urheberrechtlich geschützt. Jede Verwertung in anderen als den gesetzlich zugelassenen Fällen bedarf deshalb der schriftlichen Einwilligung des Verlages.

Gedruckt auf säurefreiem Papier

ISBN-13: 978-3-528-04835-8   e-ISBN-13: 978-3-322-86807-7
DOI: 10.1007/978-3-322-86807-7

Berechnungen in der Hydraulik

Inhalt

Schließt man eine 12 V Fahrzeuglampe zu Hause an das Stromnetz an, so wird – wie jedermann weiß – diese Lampe durchbrennen.
Auch in der Hydraulik gilt, daß man z. B. nicht einfach irgendeine Pumpe einsetzen darf, da in einer hydraulischen Anlage festgelegte Verbraucher arbeiten. Ebensowenig darf eine bestehende Anlage beliebig um zusätzliche Verbraucher erweitert werden.
Von vielen wird dies jedoch nicht genügend erkannt.
So konnte sich beispielsweise in einem Fall das Öl beim hydrostatischen Betreiben eines Düngerstreuers in der Anlage so stark erhitzten, daß die Farbe auf den Leitungen abblätterte. Hier wurde zuvor überhaupt nichts berechnet, und es wurden die falschen Bauelemente gewählt.

Dieser Technische Lehrgang will Kenntnisse der Drücke, Fördermengen, Pumpen- und Motorberechnungen, Wirkungsgrade, der Wärmeentwicklung, Auswahl der Bauelemente und des Zusammenwirkens der Elemente in der Gesamtanlage vermitteln. Solche Kenntnisse sind nicht nur für die Auslegung einer optimal funktionierenden Hydraulikanlage erforderlich, sie sind auch für die Wartung sowie die Fehlersuche und -beseitigung wichtig. Inhaltlich schließt der Lehrgang an den bereits vorliegenden Technischen Lehrgang „Hydraulik" an.

1	**Einleitung**	**2**
1.1	Arbeit, Leistung und Drehmoment	2
1.2	Wirkungsgrade von Hydropumpen und Hydromotoren	3
2	**Berechnung von Hydromotoren**	**4**
2.1	Einleitung	4
2.2	Hydrozylinder (geradlinige Bewegung)	4
2.3	Hydromotoren (Rotationsbewegung)	6
3	**Berechnung von Hydropumpen**	**10**
4	**Grundberechnungen von kompletten Anlagen**	**12**
4.1	Berechnung des Gabelstaplers	12
4.2	Berechnung des Pumpen-Motor-Systems	13
4.3	Berechnung der hydraulischen Schrottpresse	13
4.4	Berechnung des geschlossenen Systems	14
4.5	Differentialschaltung	15
5	**Druckspeicher**	**18**
5.1	Einleitung	18
5.2	Berechnung des verfügbaren Ölvolumens	18
6	**Druckaufbau und Wärmeentwicklung bei der Anwendung von Drossel-, Stromregel- und Senkbremsventilen**	**20**
6.1	Reihenstromventil	20
6.2	Parallelstromventil	20
6.3	Geschwindigkeitsregelung beim Zylinder	22
7	**Größenbestimmung von Bauelementen**	**24**
8	**Berechnung von Rohrleitungen**	**26**
8.1	Strömung von Flüssigkeiten	26
9	**Regelungen von Hydropumpen und -motoren**	**28**
9.1	Einleitung	28
9.2	Druckgeregelte Pumpe	28
9.3	Konstantleistungsregelung	29
9.4	Direkte Pumpenverstellung	30
9.5	Load-Sensing-System	30
9.6	Motorregelung	32
10	**Einführung in die Proportional- und Servohydraulik**	**33**
10.1	Proportionalhydraulik	33
10.2	Servohydraulik	35
	Größen und Einheiten	**37**
11	**Aufgaben**	**38**
12	**Multiple-Choice-Aufgaben**	**39**
13	**Antworten**	**40**
13.1	Aufgaben Kapitel 11	40
13.2	Multiple-Choice-Aufgaben Kapitel 12	40

1 Einleitung

1.1 Arbeit, Leistung und Drehmoment

Arbeit:
Unter Arbeit (W) versteht man die Energie, die für die Durchführung eines bestimmten Vorganges erforderlich ist.

Beispiel:

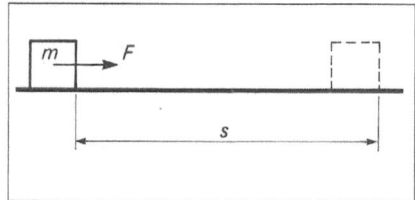

Bild 1-1

Für die Verschiebung der Masse m über die Weglänge $s = 10$ m ist eine Kraft F von 500 N erforderlich. Die dafür notwendige Arbeit beträgt:

$W = F \cdot s = 500$ N $\cdot$ 10 m $= 5000$ J
[Anmerkung: 1 J (Joule) = 1 Nm]
Darin sind: W = Arbeit (J)
F = Kraft (N)
s = Weglänge (m)

Leistung:
Unter Leistung (P) versteht man die je Zeiteinheit notwendige Arbeit, um einen bestimmten Vorgang durchzuführen.

Beispiel:
Wenn die obengenannte Masse innerhalb einer Zeit von 10 s verschoben werden muß, so ist dafür eine Leistung erforderlich von:

$$P = \frac{W}{t}$$
$$= \frac{5000 \text{ J}}{10 \text{ s}}$$
$$= 500 \text{ W}.$$

Muß die Masse in 2,5 s verschoben werden, beträgt die erforderliche Leistung:

$$P = \frac{W}{t}$$
$$= \frac{5000 \text{ J}}{2,5 \text{ s}}$$
$$= 2000 \text{ W}.$$

In der mechanischen und hydraulischen Antriebstechnik kann die Leistung je nach Anwendungsgebiet auf dreierlei Weise berechnet werden:

1. $P = F \cdot v$ (abgeleitet von $P = F \cdot s/t$) für geradlinige Bewegungen, z. B. die Bewegung eines Hydrozylinders (Bild 1-2);

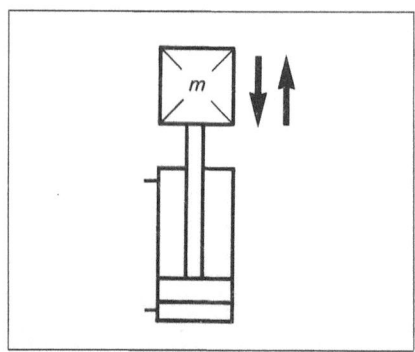

Bild 1-2

2. $P = M \cdot 2\pi \cdot n^*$ für Rotationsbewegungen wie beim Antrieb einer Windentrommel (Bild 1-3) oder beim Radantrieb eines Fahrzeugs.

---
* $2\pi \cdot n$ ist die Winkelgeschwindigkeit ω in rad/s, n in s^{-1};

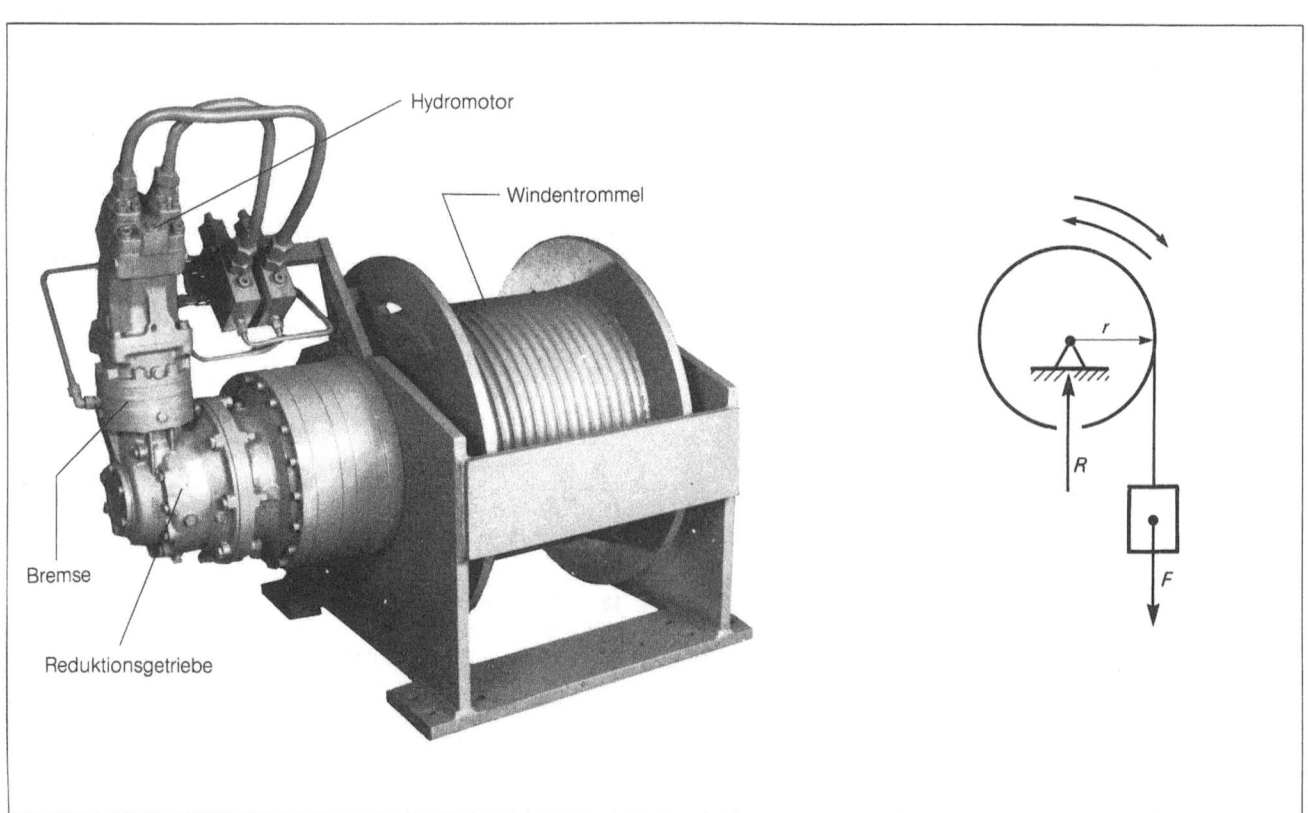

Bild 1-3: Die Kräfte F und der Radius R der Windentrommel bewirken das Drehmoment M.

3. $P = p \cdot q_v$ für die Berechnung der hydraulischen Leistung, d. h. der von der Hydraulikflüssigkeit übertragenen Leistung (Bild 1-4).

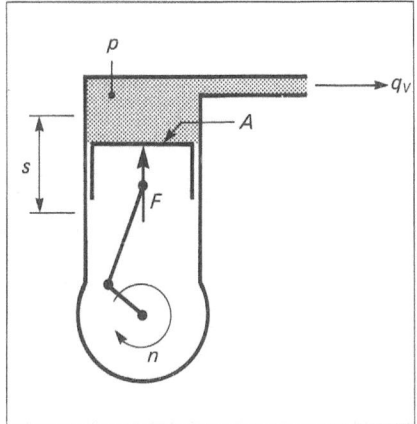

Bild 1-4: Hydraulische Leistung $P = p \cdot q_v$

P = Leistung (W)
v = Geschwindigkeit (m/s)
M = Drehmoment (Nm)
n = Drehzahl (s^{-1} oder Hz)
p = Druck (Pa oder N/m²)
q_v = Förder- bzw. Volumenstrom (m³/s)

Das Drehmoment (M) wird in Nm ausgedrückt.

Beispiel:

Gegeben: $F = 30$ N
$r = 0{,}4$ m

Das Drehmoment beträgt:

$M = F \cdot r$
$M = 30$ N $\cdot$ $0{,}4$ m
$ = 12$ Nm

1.2 Wirkungsgrade von Hydropumpen und Hydromotoren

Hydropumpen wird mechanische Antriebsleistung in Form eines Drehmoments und einer Drehzahl zugeführt ($P_{an,P} = M_P \cdot 2\pi \cdot n$)**. Sie wandeln diese in hydraulische Abtriebsleistung in Form eines Drucks und eines Förderstroms um ($P_{ab,P} = p \cdot q_{vab,P}$). Beim Hydromotor verhält sich das umgekehrt. Während dieser Leistungsumwandlung treten natürlich Verluste auf, die in Wärme umgesetzt werden. Im allgemeinen unterscheiden wir in der Hydraulik drei Arten von Verlusten:

1. Volumetrische Verluste:
Diese Verluste drücken sich im volumetrischen Wirkungsgrad η_v aus und kommen durch Ölleckagen aus dem Hochdruckteil der Hydropumpe oder des Hydromotors in das Pumpen- bzw. Motorgehäuse zustande. Von dort aus strömt das Öl z. T. über die Leckleitung in den Behälter zurück. Je nach Betriebsbedingungen und Pumpen- oder Motortyp beläuft sich der volumetrische Wirkungsgrad in der Praxis auf 80 bis 95%.

Beispiel:
Eine Hydropumpe liefert theoretisch einen Förderstrom $Q_{th,P} = 3{,}6 \cdot 10^{-4}$ m³/s ($= 21{,}6$ l/min). Bei einem volumetrischen Wirkungsgrad von 90% verbleiben für die Hydraulikanlage $0{,}9 \cdot 3{,}6 \cdot 10^{-4}$ m³/s $= 3{,}24 \cdot 10^{-4}$ m³/s ($= 19{,}4$ l/min).

$$\left[1 \text{ m}^3/\text{s} = 1 \text{ m}^3 \cdot \left(\frac{10^3 \text{ l}}{1 \text{ m}^3}\right) \cdot \frac{1}{\text{s}} \left(\frac{60 \text{ s}}{1 \text{ min}}\right) = 60\,000 \, \frac{\text{l}}{\text{min}} \right]$$

Die Differenz, also $0{,}36 \cdot 10^{-4}$ m³/s ($= 2{,}2$ l/min), läuft als Leckstrom auf die Ansaugseite der Pumpe oder in den Tank zurück.

2. Mechanische Verluste:
Diese Verluste drücken sich im mechanischen Wirkungsgrad η_m aus und treten in der Hydropumpe und im Hydromotor selbst auf. Sie sind die Folge von Reibung in den Lagern, zwischen Kolben und Zylinderwand, zwischen Welle und Wellendichtung usw.

3. Hydraulische Verluste:
Hydraulische Verluste kommen durch Reibung in der Hydraulikflüssigkeit selbst zustande. Durch die Bewegung der Ölmoleküle zueinander und zur Wand entstehen Reibungsverluste, die sich im hydraulischen Wirkungsgrad η_h widerspiegeln.

Im allgemeinen wird für Berechnungszwecke der hydraulische und der mechanische Wirkungsgrad als ein Wirkungsgrad betrachtet: der hydraulisch-mechanische Wirkungsgrad η_{hm}. Meistens bewegt sich dieser Wirkungsgrad zwischen 85 und 95%.
Das Produkt $\eta_{hm} \cdot \eta_v$ stellt den Gesamtwirkungsgrad der Hydropumpe oder des Hydromotors η_{ges} dar.

Beispiel:

Eine Pumpe liefert einen Förderstrom $q_{vab,P} = 3{,}6 \cdot 10^{-4}$ m³/s ($= 21{,}6$ l/min) bei einem Druck $p = 12$ MPa ($= 120$ bar); $\eta_v = 0{,}8$; $\eta_{hm} = 0{,}9$.

Gesucht ist die Leistung, die zum Antrieb dieser Pumpe erforderlich ist.

Gesamtwirkungsgrad der Pumpe:

$\eta_{ges,P} = \eta_{hm,P} \cdot \eta_{v,P} = 0{,}9 \cdot 0{,}8 = 0{,}72$
($= 72\%$).

Abtriebsleistung:

$P_{ab,P} = p \cdot q_{vab,P}$
$\phantom{P_{ab,P}} = 120 \cdot 10^5$ N/m² $\cdot 3{,}6 \cdot 10^{-4}$ m³/s
$\phantom{P_{ab,P}} = 4320$ W $= 4{,}32$ kW

Erforderliche Antriebsleistung:

$P_{an,P} = \dfrac{P_{ab,P}}{\eta_{ges,P}} = \dfrac{4320 \text{ W}}{0{,}72} = 6000$ W $= 6$ kW

** In den Formeln unterscheiden die Indizes P und M Hydropumpen und -motoren.

2 Berechnung von Hydromotoren

2.1 Einleitung

In diesem Kapitel wird die Berechnung von rotierenden und linearen Hydromotoren (Zylindern) behandelt.
Das nachfolgende Kapitel 3 beschäftigt sich mit der Berechnung von Pumpen.
In der Praxis wird bei der Auslegung einer Anlage zumeist folgende Reihenfolge zugrunde gelegt:
- Es wird bestimmt, welche Komponenten mit welchen Kräften, Drehmomenten und Leistungen, bei welchen Drehzahlen und Geschwindigkeiten usw. angetrieben werden müssen.
- Stehen diese Daten einmal fest, kann die Art und Größe des Hydromotors bestimmt werden, wobei vielfach auch der Anlagendruck festgelegt wird (Hoch-, Nieder- oder Mitteldruck).
- Nach der Auswahl eines bestimmten Motors ist es möglich, Art und Größe der Pumpe festzulegen.

Gegenwärtig sind die meisten landwirtschaftlichen Traktoren mit einer Hydraulikanlage ausgestattet. Dabei wird das anzutreibende Anbaugerät, z. B. ein Schwadmäher oder wie in Bild 2-1 ein Gülletank mit Spritzeinrichtung, über Schnellkupplungen an die Traktorhydraulik gekoppelt. In diesem Fall ist die Anlagenpumpe unveränderlich, und die Hydromotoren eines an den Traktor anzuschließenden Geräts müssen gut auf sie abgestimmt sein.

2.2 Hydrozylinder (geradlinige Bewegung)

Seine einfache Konstruktion, die große Leistungsdichte und die verschiedenen Anordnungsmöglichkeiten im Zusammenwirken mit Hebeln bzw. Gelenken machen den Zylinder zu einem äußerst vielseitigen Bauelement (Bild 2-2).

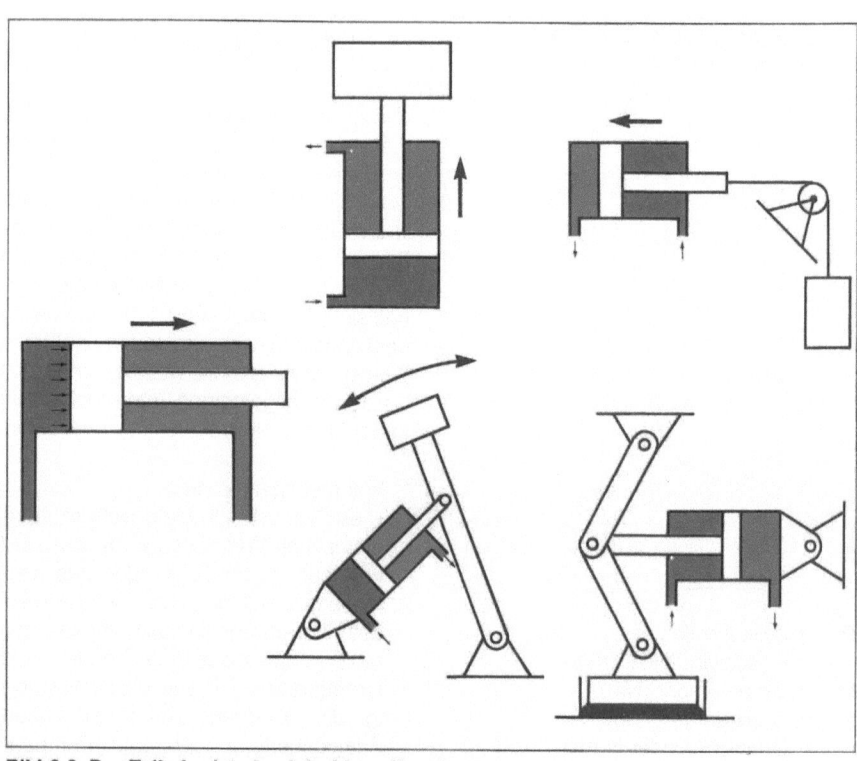

Bild 2-2: Der Zylinder ist ein vielseitiges Bauelement.

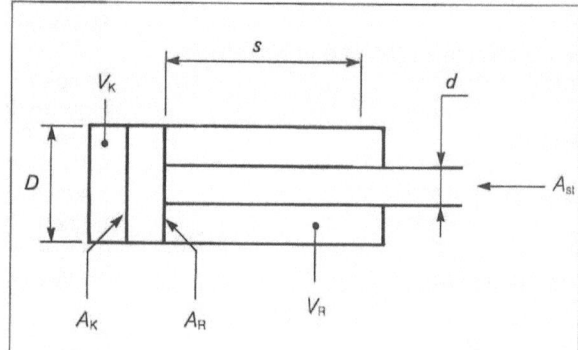

Bild 2-3

A_K = Kolbenfläche
A_R = Ringfläche
A_{St} = Stangenfläche
V_K = Volumen Kolbenseite
V_R = Volumen Stangenseite
s = Hub

Bild 2-1

Berechnung des Hubvolumens

Hubvolumen Kolbenseite:

$V_K = A_K \cdot s$

$= \frac{\pi}{4} D^2 \cdot s$

Hubvolumen Stangenseite:

$V_R = A_R \cdot s$

$= (\frac{\pi}{4} D^2 - \frac{\pi}{4} d^2) \cdot s$

$= \frac{\pi}{4} (D^2 - d^2) \cdot s$

Darin sind: V = Volumen m³
A = Fläche (m²)
D = Kolbendurchmesser (m)
d = Stangendurchmesser (m)
s = Hub (m)

Die Ein- und Ausfahrgeschwindigkeit eines Zylinders ist vom Volumenstrom und von der Kolbenfläche abhängig:

$v_{aus} = \frac{q_v}{A_K}$

$v_{ein} = \frac{q_v}{A_R}$

Darin sind: v_{aus} = Ausfahrgeschwindigkeit (m/s)
v_{ein} = Einfahrgeschwindigkeit (m/s)
q_v = Volumenstrom (m³/s)
A = Fläche (m²)

Mit der Ringfläche A_R wird die stangenseitige Fläche $A_K - A_{St}$ bezeichnet.

Praktisch wird vielfach mit dem Verhältnis φ gearbeitet.

$\varphi = \frac{A_K}{A_R} = \frac{A_{Kolben}}{A_{Kolben} - A_{Stange}}$

Bei gleichem Volumenstrom fährt der Zylinder schneller ein als aus. Das Geschwindigkeitsverhältnis ist abhängig von:

$\frac{v_{ein}}{v_{aus}} = \frac{\frac{q_v}{A_R}}{\frac{q_v}{A_K}} = \frac{A_K}{A_R} = \varphi \Rightarrow v_{ein} = \varphi \cdot v_{aus}$

Beispiel:
Kolbenfläche $A_K = 80 \cdot 10^{-4}$ m²
$q_v = 1{,}6 \cdot 10^{-3}$ m³/s ($= 96$ l/min)
$\varphi = 1{,}5$

Gesucht werden v_{ein} und v_{aus}.

Lösung:

$v_{aus} = \frac{q_v}{A_K}$

$= \frac{1{,}6 \cdot 10^{-3} \text{ m}^3/\text{s}}{80 \cdot 10^{-4} \text{ m}^2}$

$= 0{,}2$ m/s

$v_{ein} = \varphi \cdot v_{aus}$
$= 1{,}5 \cdot 0{,}2$ m/s
$= 0{,}3$ m/s

Berechnungsbeispiel 1
Vom Zylinder in Bild 2-4 soll eine Last von 30 kN ($= 30\,000$ N) angehoben werden.

Die Abmessungen des Zylinders betragen:
$D = 50$ mm ($= 5 \cdot 10^{-2}$ m)
$d = 30$ mm ($= 3 \cdot 10^{-2}$ m)
$s = 400$ mm ($= 0{,}4$ m)
Ausfahrhubzeit $t = 5$ s

a. Erforderlicher Systemdruck p:
Kolbenfläche

$A_K = \frac{\pi}{4} D^2 = \frac{\pi}{4} (5 \cdot 10^{-2})^2$

$= 19{,}6 \cdot 10^{-4}$ m²

$p = \frac{F}{A_R} = \frac{30\,000 \text{ N}}{19{,}6 \cdot 10^{-4} \text{ m}^2}$

$= 153 \cdot 10^5$ Pa $= 15{,}3$ MPa

$= 153$ bar

b. Erforderlicher Volumenstrom:

$q_v = \frac{V_K}{t} = \frac{A_K \cdot s}{t}$

$= \frac{19{,}6 \cdot 10^{-4} \text{ m}^2 \cdot 0{,}4 \text{ m}}{5 \text{ s}}$

$= 1{,}57 \cdot 10^{-4}$ m³/s $= 9{,}42$ l/min

c. Erforderliche Leistung:

$P = p \cdot q_v$

$= 153 \cdot 10^5$ Pa $\cdot 1{,}57 \cdot 10^{-4}$ m³/s

$= 2400$ W $= 2{,}4$ kW

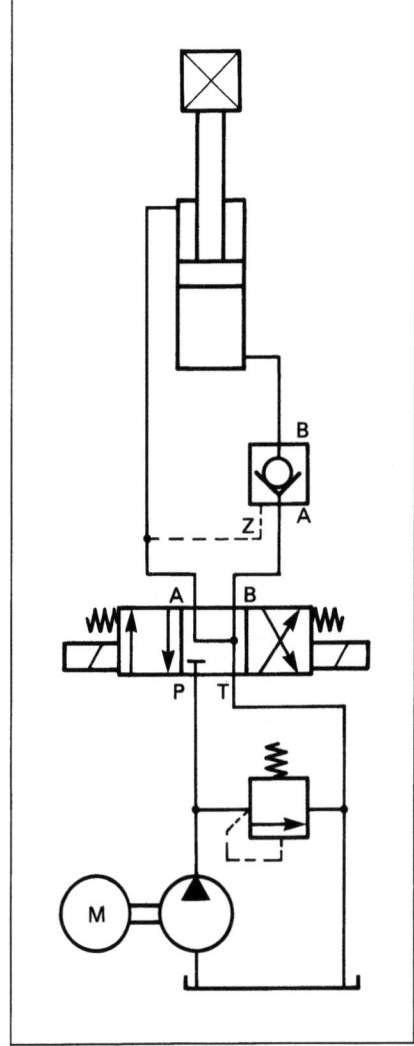

Bild 2-4

Anmerkung: Diese Leistung läßt sich auch mit Hilfe der Formel $P = F \cdot v$ berechnen, wobei v die Geschwindigkeit ist, mit der die Last nach oben bewegt wird.

$v = \frac{s}{t} = \frac{0{,}4 \text{ m}}{5 \text{ s}} = 0{,}08$ m/s;

$P = F \cdot v = 30\,000$ N $\cdot 0{,}08$ m/s

$= 2400$ W $= 2{,}4$ kW

In dieser Berechnung wurden keine Verluste berücksichtigt. Die beim Zylinderantrieb auftretenden Verluste sind Reibungsverluste zwischen den Kolbendichtungen und der Zylinderwand sowie zwischen der Stangendichtung/Schmutzabstreifer und der Kolbenstange. Diese Verluste kommen im mechanischen Wirkungsgrad η_m zum Ausdruck. Je nach Anwendungsgebiet und Zylinderabmessungen liegt dieser Wirkungsgrad zwischen 80 und 95%.

Berechnungsbeispiel 2

Der Zylinder im Berechnungsbeispiel 1 hat einen mechanischen Wirkungsgrad von 90%.
Die Kraft, welche durch den Druck ausgeübt werden muß, beträgt also:

$$\hat{F} = \frac{F}{\eta_m} = \frac{30000\ N}{0{,}9} = 33333\ N$$

a. Erforderlicher Systemdruck p:

$$p = \frac{\hat{F}}{A_K} = \frac{33333\ N}{19{,}6 \cdot 10^{-4}\ m^2}$$
$$= 170 \cdot 10^5\ Pa = 17\ MPa$$
$$= 170\ bar$$

b. Erforderliche Leistung P:

$$P = p \cdot q_v$$
$$= 170 \cdot 10^5\ Pa \cdot 1{,}57 \cdot 10^{-4}\ m^3/s$$
$$= 2666\ W = 2{,}67\ kW$$

(Darin ist $\hat{F}$ die in Rechnung zu stellende Kraft.)

Berechnungsbeispiel 3

Eine bestehende Anlage wird um einen Hydrozylinder erweitert, für den die erforderliche Kraft beim Einfahrhub 10000 N Hub $s = 600$ mm ($= 0{,}6$ m); Einfahrhubzeit $t = 5$ beträgt.

Der Kolbenstangendurchmesser des Zylinders beträgt 30 mm ($= 3 \cdot 10^{-2}$ m).
Als Wirkungsgrad des Zylinders wird $\eta_m = 90\%$ angesetzt.
Der maximale Arbeitsdruck der Pumpe beträgt 12 MPa ($= 120$ bar).

Gesucht sind die Zylinderabmessungen.

a. Tatsächlich aufzubringende Kraft:

$$\hat{F} = \frac{F}{\eta_m}$$
$$= \frac{10000\ N}{0{,}9}$$
$$= 11111\ N$$

Erforderliche Kolbenfläche:

$$A_R = \frac{\hat{F}}{p}$$

$$A_R = \frac{11111\ N}{120 \cdot 10^5\ Pa}$$
$$= 9{,}26 \cdot 10^{-4}\ m^2$$

$$A_R = \frac{\pi}{4}D^2 - \frac{\pi}{4}d^2 \Rightarrow$$

$$\frac{\pi}{4}D^2 = A_R + \frac{\pi}{4}d^2$$
$$= 9{,}26 \cdot 10^{-4}\ m^2 + \frac{\pi}{4}(3 \cdot 10^{-2})^2\ m^2$$
$$= 16 \cdot 10^{-4}\ m^2$$

$$\frac{\pi}{4}D^2 = 16 \cdot 10^{-4}\ m^2 \Rightarrow$$

$$D = \sqrt{\frac{4}{\pi} \cdot 16 \cdot 10^{-4}} \cdot m$$
$$= 4{,}56 \cdot 10^{-2}\ m$$
$$= 45{,}6\ mm$$

Damit sind folgende Zylindermaße zu wählen: $D = 50$ mm, $d = 30$ mm, $s = 600$ mm.

b. Von der Anlagenpumpe werden $2 \cdot 10^{-4}$ m³/s = 12 l/min gefördert. Die Zylindergeschwindigkeit wird mit einem Stromregelventil geregelt. Auf welchen Wert muß dieses Ventil eingestellt werden, und wie lange dauert bei dieser Einstellung der Einfahrhub?

$$q_v = \frac{V_R}{t_{ein}}$$

$$= \frac{\frac{\pi}{4}(D^2 - d^2) \cdot s}{t_{ein}}$$

$$= \frac{\frac{\pi}{4}((5 \cdot 10^{-2})^2 - (3 \cdot 10^{-2})^2) \cdot 0{,}6}{5}\ m^3/s$$
$$= 1{,}5 \cdot 10^{-4}\ m^3/s$$
$$= 9\ l/min$$

Ausfahrhub:

$$q_v = 1{,}5 \cdot 10^{-4}\ m^3/s$$

$$q_v = \frac{V_K}{t_{aus}} \Rightarrow$$

$$t_{aus} = \frac{V_K}{q_v}$$

$$= \frac{\frac{\pi}{4}D^2}{q_v}$$

$$= \frac{\frac{\pi}{4}(5 \cdot 10^{-2})^2\ m^3}{1{,}5 \cdot 10^{-4}\ m^3/s}$$

$$= 13\ s$$

Anmerkung: Bei Zylindern wird davon ausgegangen, daß innere Leckverluste minimal sind. In den meisten Fällen kann ein volumetrischer Wirkungsgrad von 100% angenommen werden.

Zusätzlich zu den hier durchgeführten Berechnungen muß kontrolliert bzw. berechnet werden, ob die für den jeweiligen Zylinder maximal zulässige Knicklast nicht überschritten wird (Bild 2-5).
Zylinderhersteller geben in ihrer technischen Dokumentation Tabellen für die Knicklast an, aus denen sich dieser Wert auf einfache Weise ermitteln läßt.

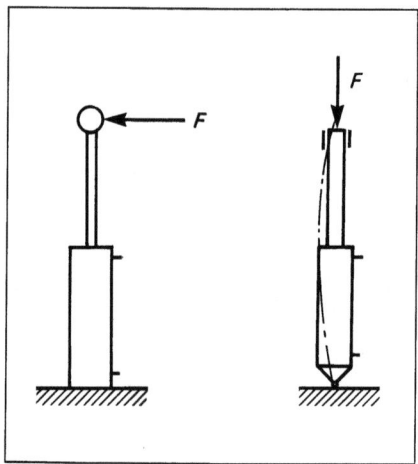

Bild 2-5

Zylinder müssen so angebracht werden, daß keine oder nur geringe Querkräfte auftreten.
Von Querkräften geht eine zusätzliche Beanspruchung der Kolben- und Stangendichtungen aus, die zu erhöhtem Verschleiß und damit zu möglichen Leckagen führt.

2.3 Hydromotoren (Rotationsbewegung)

Hydromotoren wird hydraulische Leistung zugeführt ($P_{an,M} = p \cdot q_{v_{an,M}}$), die sie in

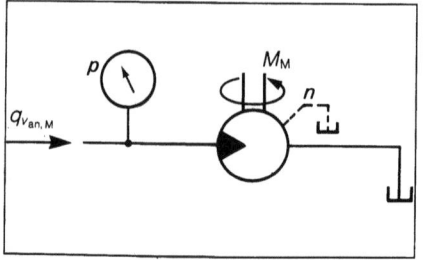

Bild 2-6

Berechnung von Hydromotoren

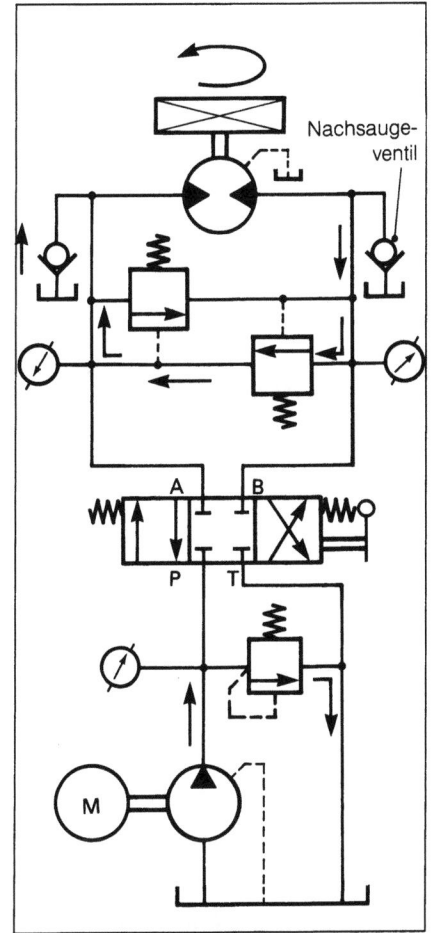

Bild 2-7: Hydromotor mit Sicherungen

mechanische Leistung ($P_{ab,M} = M_M \cdot 2\pi \cdot n$, n in s^{-1}) umwandeln (Bild 2-6).

Die Berechnung des Hydromotors erfolgt in zwei Schritten:
1. die Berechnung der Leistung,
2. die Berechnung des Volumenstroms.

1. Berechnung der Leistung gemäß Blockschema 1

Anmerkung:
Für die nachfolgend abgebildeten Blockschemata gilt:
von links nach rechts Glieder multiplizieren;
von rechts nach links Glieder dividieren.

Darin sind:
$P_{an,M}$ = (hydraulische) Antriebsleistung (W)
$P_{ab,M}$ = (mechanische) Abtriebsleistung (W)
n = Drehzahl (s^{-1})
η_v = volumetrischer Wirkungsgrad (–)

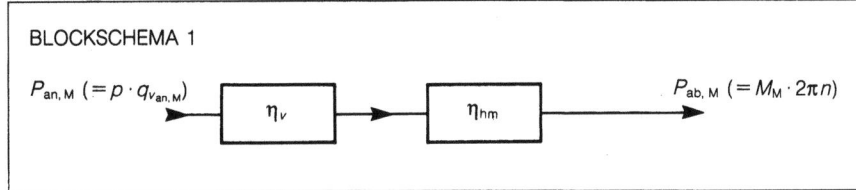

Bild 2-8: $P_{ab,M} = P_{an,M} \cdot \eta_v \cdot \eta_{hm}$; $P_{an,M} = \dfrac{P_{ab,M}}{\eta_v \cdot \eta_{hm}}$

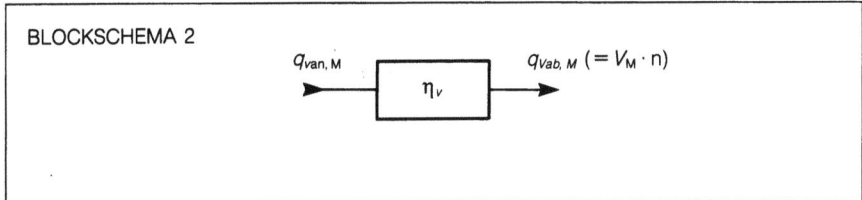

Bild 2-9: $q_{Vab,M} = q_{Van,M} \cdot \eta_v$

$q_{Van,M} = \dfrac{q_{Vab,M}}{\eta_v}$

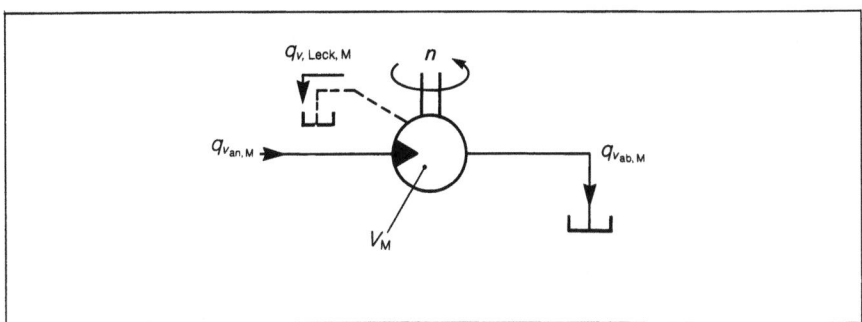

Bild 2-10: $q_{Vab,M} = V_M \cdot n$

η_{hm} = hydraulisch-mechanischer Wirkungsgrad (–)

2. Berechnung des Ölstroms gemäß Blockschema 2

Der Ölstrom $q_{Vab,M}$ dient zum Antrieb des Hydromotors (Bild 2-10).

$q_{Vab,M} = V_M \cdot n$

Darin sind:
V_M = Verdrängungsvolumen des Hydromotors (m^3)
n = Drehzahl des Hydromotors (s^{-1})

Um bei der Auslegung einer Anlage die Höhe des Anlagendrucks (der übrigens oft vorgeschrieben ist) und die Größe des Hydromotors (Verdrängungsvolumen) im Verhältnis zum Abtriebsmoment M_M zu ermitteln, verwendet man die folgende Formel:

$$M_M = \frac{p \cdot V_M \cdot \eta_{hm}}{2\pi}$$

Aus dieser Formel läßt sich ableiten:

$\left. \begin{array}{l} P_{ab,M} = P_{an,M} \cdot \eta_v \cdot \eta_{hm} \\ M_M \cdot 2\pi \cdot n = p \cdot q_{Van,M} \cdot \eta_v \cdot \eta_{hm} \end{array} \right\}$ (Blockschema 1)

Da $q_{Van,M} \cdot \eta_v = q_{Vab,M}$ ist (Blockschema 2), gilt:

$M_M \cdot 2\pi \cdot n = p \cdot q_{Vab,M} \cdot \eta_{hm}$.

Da $q_{Vab,M} = V_M \cdot n$ ist, gilt:

$M_M \cdot 2\pi \cdot n = p \cdot V_M \cdot n \cdot \eta_{hm} \Rightarrow$

$$\boxed{M_M = \frac{p \cdot V_M \cdot \eta_{hm}}{2\pi}}$$

Folglich wird das Abtriebsmoment des Hydromotors vom Verdrängungsvolumen, vom Anlagendruck und vom hydraulisch-mechanischen Wirkungsgrad bestimmt.

Berechnungsbeispiel 1

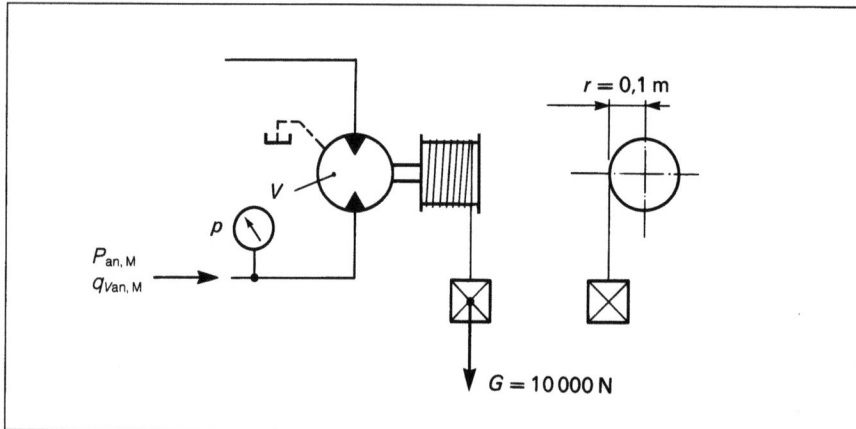

Bild 2-11

Antrieb der Windentrommel (siehe Bild 1-3)

Gegeben:
max. Hubgeschwindigkeit $v = 0{,}2$ m/s
max. Gewichtskraft $G = 10000$ N
max. Arbeitsdruck $p = 17{,}5$ MPa
$\qquad\qquad\qquad\qquad\;\;\;(= 175$ bar$)$

Gesucht werden:
a. die erforderliche hydraulische Antriebsleistung $P_{an,M}$,
b. das Verdrängungsvolumen des Motors,
c. der erforderliche Ölstrom $q_{Van,M}$.

Lösung:
a. Von der Motorwelle abzugebende Leistung:

$$P_{ab,M} = F \cdot v = G \cdot v$$
$$= 10000 \text{ N} \cdot 0{,}2 \text{ m/s}$$
$$= 2000 \text{ W}$$

(Verluste im mechanischen Antrieb werden vernachlässigt.)

Annahme:
$\eta_v = 0{,}9; \;\; \eta_{hm} = 0{,}95$

$$\Rightarrow P_{an,M} = \frac{P_{ab,M}}{\eta_v \cdot \eta_{hm}} = \frac{2000 \text{ W}}{0{,}9 \cdot 0{,}95}$$
$$= 2339 \text{ W (Blockschema 1)}$$

b. $M_M = F \cdot r = G \cdot r = 10000 \text{ N} \cdot 0{,}1 \text{ m}$
$\quad\;\; = 1000$ Nm

$$M_M = \frac{p \cdot V_M \cdot \eta_{hm}}{2\pi} \Rightarrow$$

$$V_M = \frac{M_M \cdot 2\pi}{p \cdot \eta_{hm}} = \frac{1000 \text{ Nm} \cdot 2\pi}{175 \cdot 10^5 \text{ Pa} \cdot 0{,}95}$$
$$= \mathbf{378 \cdot 10^{-6} \text{ m}^3}\; (= 378 \text{ cm}^3)$$

Anmerkung:
In den Herstellerdokumentationen wird das Verdrängungsvolumen im allgemeinen in cm³ angegeben.

Zunächst ist die Drehzahl der Windentrommel zu bestimmen:

$$v = \pi \cdot D \cdot n \Rightarrow n = \frac{v}{\pi \cdot D}$$
$$= \frac{0{,}2 \text{ m/s}}{\pi \cdot 0{,}2 \text{ m}}$$
$$= 0{,}32 \text{ s}^{-1}$$

$$q_{Vab,M} = V_M \cdot n$$
$$= 378 \cdot 10^{-6} \text{ m}^3 \cdot 0{,}32 \text{ s}^{-1}$$
$$= 1{,}2 \cdot 10^{-4} \text{ m}^3\text{/s}\; (= 7{,}26 \text{ l/min})$$

$$q_{Vab,M} = \frac{q_{Vab,M}}{\eta_v}$$
$$= \frac{1{,}2 \cdot 10^{-4} \text{ m}^3\text{/s}}{0{,}9}$$
$$= \mathbf{1{,}33 \cdot 10^{-4} \text{ m}^3\text{/s}}\; (= 8 \text{ l/min})$$

(Blockschema 2)

Berechnungsbeispiel 2
Der Radnabenmotor in Bild 2-12 hat ein Verdrängungsvolumen von
$V_M = 2200 \cdot 10^{-6}$ m³/s $(= 2200$ cm³$)$.
Der höchstzulässige Arbeitsdruck beträgt
$p = 30$ MPa $(= 300$ bar$)$.
$\eta_{hm} = 0{,}9; \; \eta_v = 0{,}9$
Max. Drehzahl: $n = 3{,}33$ s^{-1}
Raddurchmesser: 1,6 m

Gesucht werden:
a. das Drehmoment M_M am Rad,
b. die maximale Zugkraft am Rad F_{Rad} (Reibungsverluste vernachlässigen),
c. die Abtriebsleistung $P_{ab,M}$ am Rad,
d. der erforderliche Schluckstrom $q_{Van,M}$,
e. die hydraulische Antriebsleistung $P_{an,M}$.

Lösung:

a. $M_M = \dfrac{p \cdot V_M \cdot \eta_{hm}}{2\pi}$

$\qquad = \dfrac{300 \cdot 10^5 \text{ Pa} \cdot 2200 \cdot 10^{-6} \text{ m}^3 \cdot 0{,}9}{2\pi}$

$\qquad = \mathbf{9454 \text{ Nm}}$

b. $M_M = F_{Rad} \cdot r \Rightarrow$

$\quad F_{Rad} = \dfrac{M_M}{r}$

$\qquad\;\; = \dfrac{9454 \text{ Nm}}{0{,}8 \text{ m}}$
$\qquad\;\; = 11\,818 \text{ N}$

c. $P_{ab,M} = M_M \cdot 2\pi \cdot n$
$\qquad\;\; = 9454 \text{ Nm} \cdot 2 \cdot 3{,}33 \text{ s}^{-1}$
$\qquad\;\; = \mathbf{198\,004 \text{ W}}$
$\qquad\;\; = \mathbf{198 \text{ kW}}$

d. $q_{Vab,M} = V_M \cdot n$
$\qquad\;\; = 2200 \cdot 10^{-6} \text{ m}^3 \cdot 3{,}33 \text{ s}^{-1}$
$\qquad\;\; = 7{,}3 \cdot 10^{-3} \text{ m}^3\text{/s}\; (\approx 440 \text{ l/min})$

$q_{Van,M} = \dfrac{q_{Vab,M}}{\eta_v}$

$\qquad\;\; = \dfrac{7{,}3 \cdot 10^{-3}}{0{,}9} \text{ m}^3\text{/s}$

$\qquad\;\; = \mathbf{8{,}1 \cdot 10^{-3} \text{ m}^3\text{/s}}\; (\approx 489 \text{ l/min})$

e. $P_{an,M} = \dfrac{P_{ab,M}}{\eta_v \cdot \eta_{hm}}$

$\qquad\;\; = \dfrac{198\,004 \text{ W}}{0{,}9 \cdot 0{,}9}$

$\qquad\;\; = 244\,449 \text{ W}$

$\qquad\;\; \approx \mathbf{244 \text{ kW}}$

Dies läßt sich auch berechnen mittels:

$P_{an,M} = p \cdot q_{Van,M}$
$\qquad\;\; = 300 \cdot 10^5 \text{ Pa} \cdot 8{,}1 \cdot 10^{-3} \text{ m}^3\text{/s}$
$\qquad\;\; = 243\,000 \text{ W}$

(geringfügige Differenz durch Runden der Werte)

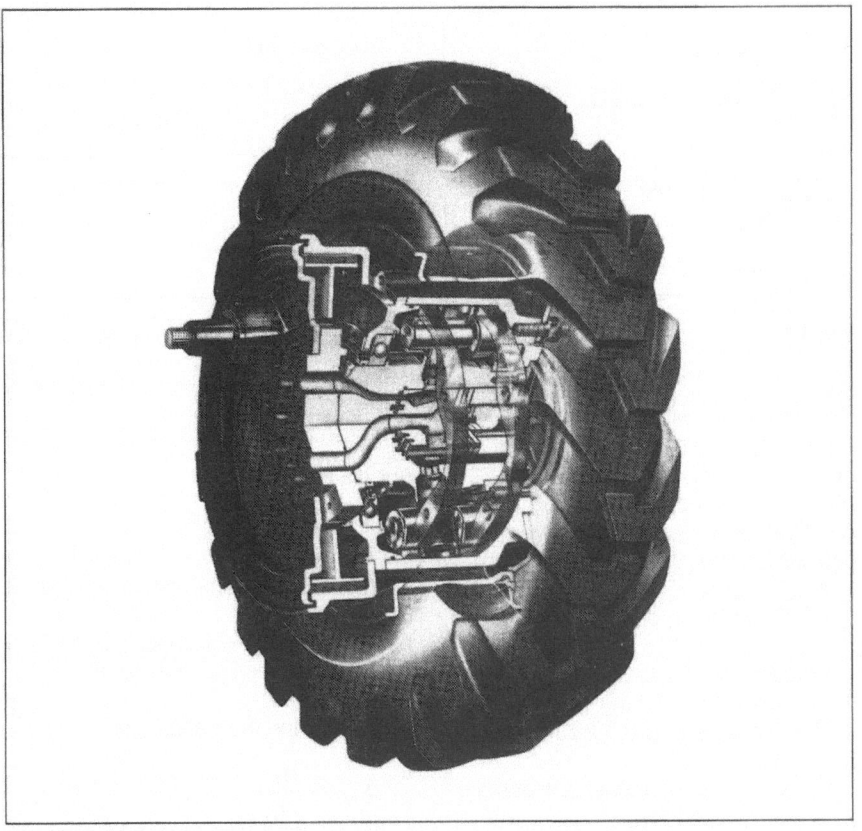

Bild 2-12

Bild 2-13: Moderner hydraulischer Autokran von Liebherr, Typ LTM 1040

3 Berechnung von Hydropumpen

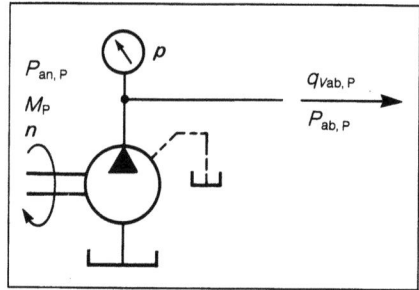

Bild 3-1

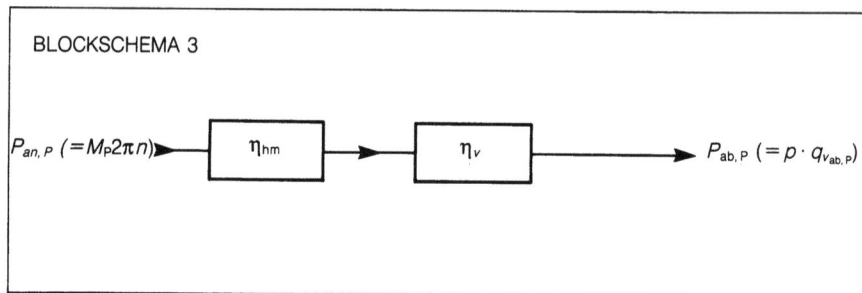

Bild 3-2: $P_{ab,P} = P_{an,P} \cdot \eta_{hm} \cdot \eta_v$; $P_{an,P} = \dfrac{P_{ab,P}}{\eta_{hm} \cdot \eta_v}$

Hydropumpen wird mechanische Leistung ($P_{an,P} = M_P \cdot 2\pi \cdot n$) zugeführt, die sie in hydraulische Leistung ($P_{ab,P} = p \cdot q_{v_{ab,P}}$) umwandeln (Bild 3-1).
Auch bei der Berechnung von Hydropumpen wird in zwei Stufen vorgegangen:
1. die Berechnung der Leistung,
2. die Berechnung des Förderstroms.

1. Berechnung der Leistung
   Für diese Berechnung legen wir das Blockschema in Bild 3-2 zugrunde.
   Darin sind:
   $P_{an,P}$ = (mechanische) Antriebsleistung (W)
   $P_{ab,P}$ = (hydraulische) Abtriebsleistung (W)
   n = Drehzahl (s^{-1})
   η_v = volumetrischer Wirkungsgrad (–)
   η_{hm} = hydraulisch-mechanischer Wirkungsgrad (–)

2. Berechnung des Förderstroms
   Für diese Berechnung verwenden wir das Blockschema in Bild 3-3.
   Infolge ihres Verdrängungsvolumens und ihrer Drehzahl saugt die Pumpe an und fördert theoretisch $q_{v_{th,P}} = V_P \cdot n$.
   Darin sind:
   V_P = Verdrängungsvolumen der Hydropumpe (m^3)
   n = Drehzahl der Hydropumpe (s^{-1})

   Wegen der Leckverluste beläuft sich der effektive Förderstrom auf:
   $q_{v_{ab,P}} = q_{v_{th,P}} \cdot \eta_v$.

Berechnungsbeispiel 1
Für den Antrieb eines Hydromotors ist ein Förderstrom von $2 \cdot 10^{-4}$ m³/s (= 12 l/min) bei einem Druck von 12 MPa (= 120 bar) erforderlich. Die Pumpe dieser Anlage wird von einem Elektromotor angetrieben:

$n = 16\ s^{-1}$ (= 960 min^{-1}).

Für die Pumpe gilt:

$\eta_v = 0{,}8$ sowie $\eta_{hm} = 0{,}9$.

Gesucht werden:
a. das Verdrängungsvolumen der Pumpe V_P,
b. die erforderliche Antriebsleistung $P_{an,P}$ (Leistung des Elektromotors).

a. Die Pumpe muß ansaugen:

$q_{v_{an,P}} = \dfrac{q_{v_{th,P}}}{\eta_v}$

$= \dfrac{2 \cdot 10^{-4}\ m^3/s}{0{,}8}$

$= 2{,}5 \cdot 10^{-4}\ m^3/s$
(Blockschema 4)

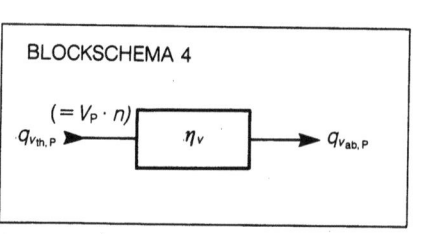

BLOCKSCHEMA 4

Bild 3-3: $q_{v_{ab,P}} = q_{v_{th,P}} \cdot \eta_v$
$q_{v_{th,P}} = \dfrac{q_{v_{ab,P}}}{\eta_v}$

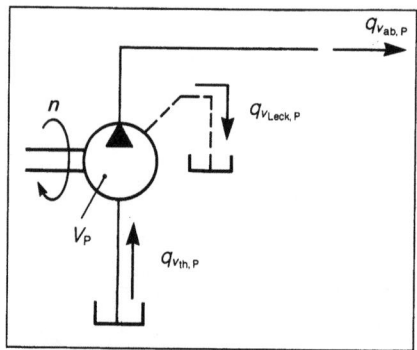

Bild 3-4

$q_{v_{th,P}} = V_P \cdot n \Rightarrow V_P = \dfrac{q_{v_{th,P}}}{n}$

$= \dfrac{2{,}5 \cdot 10^{-4}\ m^3/s}{16\ s^{-1}}$

$= 15{,}6 \cdot 10^{-6}\ m^3$

$V_P = 15{,}6 \cdot 10^{-6}\ m^3$ (= 15,6 cm³)

b. $P_{ab,P} = p \cdot q_{v_{ab,P}}$

$= 120 \cdot 10^5\ Pa \cdot 2 \cdot 10^{-4}\ m^3/s$

$= 2400\ W = 2{,}4\ kW$

$P_{an,P} = \dfrac{P_{ab,P}}{\eta_{hm} \cdot \eta_v}$

$= \dfrac{2400\ W}{0{,}9 \cdot 0{,}8}$

$= 3333\ W$

$= 3{,}3\ kW$ (Blockschema 3)

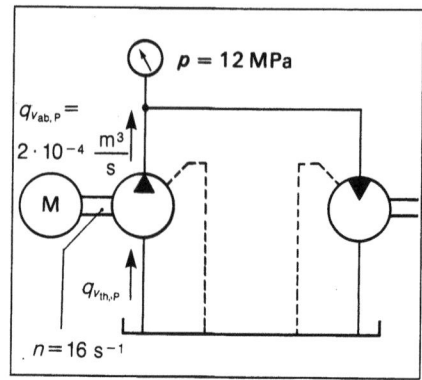

Bild 3-5

Berechnungsbeispiel 2
Im allgemeinen haben landwirtschaftliche Traktoren eine serienmäßige Hydraulikanlage, mit der ein Anbaugerät hydraulisch betrieben werden kann.

Beispiel:
Von der Hydraulikanlage eines Traktors ist bekannt:
max. Arbeitsdruck 18 MPa (= 180 bar)
max. Förderstrom $1 \cdot 10^{-3}$ m³/s
(= 60 l/min)

An diesen Traktor soll ein Anbaugerät angeschlossen werden, dessen hydraulische Antriebsleistung mindestens 30 kW betragen muß.
Kann dieses Anbaugerät durch die normale Traktorhydraulik angetrieben werden?

Lösung:
Die maximale hydraulische Abtriebsleistung der Traktorhydraulik beträgt:

$P_{ab,P} = p \cdot q_{V_{ab,P}}$
$= 180 \cdot 10^5$ Pa $\cdot 1 \cdot 10^{-3}$ m³/s
$= 18000$ W
$= 18$ kW

Folglich reicht die Traktorhydraulik nicht für den Antrieb des Anbaugeräts aus.
Das Problem läßt sich lösen, indem eine Pumpe an der Zapfwelle des Traktors montiert wird, die die erforderliche Leistung abgeben kann.

Berechnungsbeispiel 3
Folgende Daten einer Pumpe sind bekannt:

$V_P = 15 \cdot 10^{-6}$ m³ (= 15 cm³)
$\eta_v = 0{,}9$
$\eta_{hm} = 0{,}95$
$n = 25$ s^{-1} (= 1 500 min^{-1})

Zur Kontrolle des Pumpenzustands wird bei arbeitender Anlage (beim maximalen Arbeitsdruck) die äußere Leckölmenge (m³/s oder l/min) mit Hilfe eines Meßglases und einer Stoppuhr gemessen. Innere Leckölmengen sind von außen nicht zu ermitteln und bleiben bei dieser Beispielrechnung außer acht.

Bei dieser Messung wird folgende Leckölmenge festgestellt:

$V_{Leck} = 2$ l $= 2 \cdot 10^{-3}$ m³ innerhalb von $t = 20$ s.

$q_{V_{Leck,P}} = \dfrac{V_{Leck}}{t} = \dfrac{2 \cdot 10^{-3}}{20}$ m³/s
$= 1 \cdot 10^{-4}$ m³/s (= 6 l/min)

Was läßt sich aus dieser Messung schlußfolgern?

Lösung:

$q_{V_{th,P}} = V_P \cdot n = 15 \cdot 10^{-6}$ m³ $\cdot 25$ s^{-1}
$= 3{,}8 \cdot 10^{-4}$ m³/s (= 22,8 l/min)

$q_{V_{ab,P}} = q_{V_{th,P}} \cdot \eta_v = 3{,}8 \cdot 10^{-4}$ m³/s $\cdot 0{,}9$
$= 3{,}4 \cdot 10^{-4}$ m³/s (= 20,4 l/min)

Bei einer ordnungsgemäßen Pumpe beträgt der Leckölstrom maximal:

$\bar{q}_{V_{Leck,P}} = q_{V_{th,P}} - q_{V_{ab,P}}$
$= 3{,}8 \cdot 10^{-4}$ m³/s $- 3{,}4 \cdot 10^{-4}$ m³/s
$= 0{,}4 \cdot 10^{-4}$ m³/s (= 2,4 l/min)

Schlußfolgerung:
Die Pumpe weist einen hohen äußeren Leckverlust auf und ist beschädigt oder verschlissen. Sie muß ausgetauscht oder überholt werden.

Bild 3-6: Leckölmessung

Bild 3-7: Das Flaggschiff der Petrofina-Flotte, ein Supertanker von 255 000 Tonnen Tragfähigkeit (der Inhalt von 10 000 Tankwagen) mit doppelter hydraulischer Ruderanlage.

4 Grundberechnungen von kompletten Anlagen

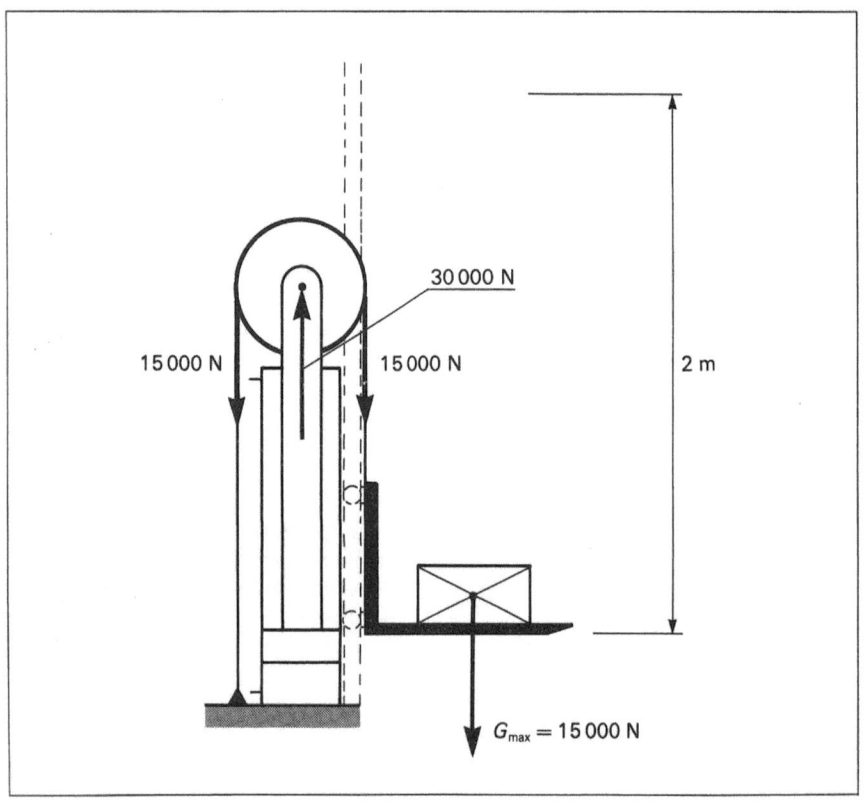

Bild 4-1

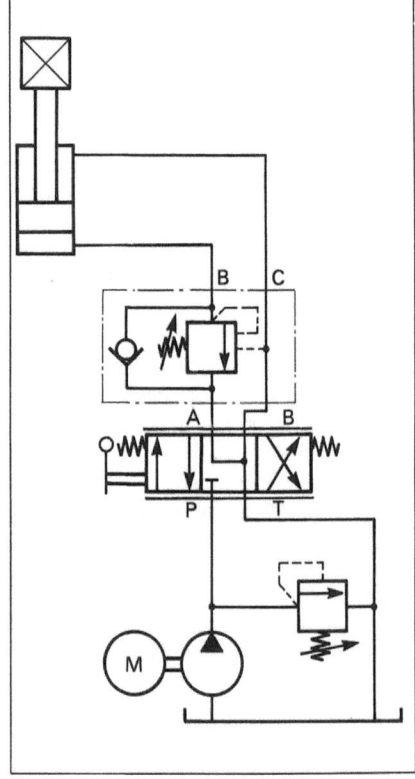

Bild 4-2

4.1 Berechnung des Gabelstaplers

Im allgemeinen wird der Gabelträger des Gabelstaplers von einem Hydrozylinder über Ketten und Kettenräder angetrieben (siehe Bild 4-1).
In Bild 4-2 ist das Schema dieser hydraulischen Anlage veranschaulicht. Um den belasteten Gabelträger kontrolliert abzusenken, enthält die Leitung an der Kolbenseite ein Senkbremsventil.
Die Linien parallel zu den Längsseiten des Symbols für das 4/3-Wegeventil bedeuten, daß der Schieber proportional betätigt werden kann. Damit ist gemeint, daß bei geringer Verschiebung des Betätigungshebels der Schieber auch eine geringe Ölmenge durchläßt. Je weiter der Hebel verschoben wird, desto mehr Öl strömt zum Zylinder. Auf diese Weise kann die Geschwindigkeit des Zylinders genau geregelt werden. Für den Gabelträger beträgt die Summe aus Eigengewicht und zulässiger Last 15 000 N (15 kN). Die Hubhöhe beläuft sich auf $s=2$ m und die maximale Hubzeit auf $t=5$ s.
Als Arbeitsdruck bei Höchstlast setzen wir 14 MPa ($=140$ bar) an.

a. Es sind die Zylinderabmessungen zu berechnen.

Der mechanische Wirkungsgrad des Zylinders wird mit schätzungsweise 90% ($\eta_m=0{,}9$) angenommen.
Die abzugebende Kraft beträgt $2 \times F = 2 \cdot 15\,000$ N $= 30\,000$ N.
In Rechnung zu stellen ist eine Kraft von:

$$\hat{F} = \frac{F}{\eta_m} = \frac{30\,000\text{ N}}{0{,}9} = 33\,333\text{ N}.$$

Kolbenfläche $A_K = \dfrac{\hat{F}}{p} =$

$$\frac{33\,333\text{ N}}{140 \cdot 10^5\text{ Pa}} = 0{,}00238\text{ m}^2$$

$$A_K = \frac{\pi}{4} D^2 \Rightarrow$$

$$D = \sqrt{\frac{4}{\pi} \cdot 0{,}00238\text{ m}^2}$$

$$= 0{,}055\text{ m} = 55\text{ mm}$$

Es wird ein Zylinder mit einem Kolbendurchmesser $D=60$ mm und einem Stangendurchmesser $d=35$ mm ausgewählt. Der erforderliche Arbeitsdruck bei Höchstlast sinkt damit auf 120 bar. Infolge der Übersetzung im Antrieb beträgt sein Hub die Hälfte des Gabelträgerhubs:
$s=1$ m.

Gesucht wird der Schluckstrom des Zylinders $q_{v_{an}}$ ($= q_{v_{ab,\,P}}$).

$$q_{v_{an}} = \frac{V}{t} = \frac{\frac{\pi}{4} \cdot 0{,}006^2 \cdot 1}{5}\text{ m}^3\text{/s}$$
$$= 5{,}6 \cdot 10^{-4}\text{ m}^3\text{/s} \; (=33{,}9\text{ l/min})$$

b. Es sind die Pumpenabmessungen und die erforderliche Antriebsleistung zu berechnen, wobei:
– das Überdruckventil der Anlage auf 12 MPa ($=120$ bar) eingestellt ist,
– die Antriebsdrehzahl der Pumpe 25 s^{-1} ($=1500$ min^{-1}) beträgt,
– der volumetrische Wirkungsgrad $\eta_v=0{,}85$ ist,
– der hydraulisch-mechanische Wirkungsgrad $\eta_{hm}=0{,}9$ beträgt.

Grundberechnungen von kompletten Anlagen

Lösung:

$q_{v_{ab,P}} = 5{,}6 \cdot 10^{-4}$ m³/s

($=33{,}9$ l/min) $\Rightarrow$

$q_{V_{th,P}} = \dfrac{q_{v_{ab,P}}}{\eta_V} = \dfrac{5{,}6 \cdot 10^{-4} \text{ m}^3/\text{s}}{0{,}8}$

$= 6{,}59 \cdot 10^{-4}$ m³/s ($=39{,}5$ l/min)

$q_{V_{th,P}} = V_P \cdot n \Rightarrow V_P = \dfrac{q_{V_{th,P}}}{n}$

$= \dfrac{6{,}59 \cdot 10^{-4} \text{ m}^3/\text{s}}{25 \text{ s}^{-1}}$

$= 26{,}3 \cdot 10^{-6}$ m³ ($=26{,}3$ cm³)

Erforderliche hydraulische Leistung:

$P_{ab,P} = p \cdot q_{v_{ab,P}}$

$= 120 \cdot 10^5$ Pa $\cdot 5{,}6 \cdot 10^{-4}$ m³/s

$= 6720$ W

$P_{an,P} = \dfrac{P_{ab,P}}{\eta_{hm} \cdot \eta_v} = \dfrac{6720 \text{ W}}{0{,}9 \cdot 0{,}85}$

$= 8784$ W $= 8{,}7$ W

4.2 Berechnung des Pumpen-Motor-Systems

Ein Hydromotor mit $V_M = 9 \cdot 10^{-6}$ m³ ($= 9$ cm³) muß bei $n = 9$ s⁻¹ ($= 540$ min⁻¹) ein Drehmoment von $M_M = 20$ Nm abgeben. Die Wirkungsgrade betragen: $\eta_{mh,M} = 0{,}9$ und $\eta_{v,M} = 0{,}85$.
Die einzusetzende Pumpe hat eine Antriebsdrehzahl $n = 40$ s⁻¹ ($= 2400$ min⁻¹). Ihre Wirkungsgrade betragen: $\eta_{mh,P} = 0{,}9$ und $\eta_{v,P} = 0{,}8$.
Beim Öltransport im Rohrleitungssystem treten natürlich auch Verluste auf. Eine genaue Berechnung des Druckverlusts in den Rohren ist relativ kompliziert. Deshalb wird der Druckverlust oft in Form eines Rohrleitungswirkungsgrads (η_L) angegeben oder es wird ein Druckverlust angenommen.
Für η_L wird ein Wert von 95 % angesetzt (0,95).
Gesucht werden:
a. die Abtriebsleistung des Hydromotors,
b. der Druck am Hydromotor,
c. der Druck an der Pumpe,
d. das Verdrängungsvolumen der Pumpe,
e. die vom Antriebsmotor der Pumpe (Elektromotor) abzugebende Leistung.

Lösung (siehe Bild 4-3):

a. $P_{ab,M} = M_M \cdot 2\pi \cdot n$
$= 20$ Nm $\cdot 2\pi \cdot 9$ s⁻¹
$= 1131$ W

b. $M_M = \dfrac{p_M \cdot V_M \cdot \eta_{hm}}{2\pi} \Rightarrow$

$p_M = \dfrac{M_M \cdot 2\pi}{V_M \cdot \eta_{hm,M}}$

$= \dfrac{20 \text{ Nm} \cdot 2\pi}{9 \cdot 10^{-6} \text{ m}^3 \cdot 0{,}9}$

$= 155 \cdot 10^5$ N/m²

$p_M = 15{,}5$ MPa ($=155$ bar)

c. Infolge des Druckverlustes in der Rohrleitung muß der Druck an der Pumpe höher sein:

$p_P = \dfrac{p_M}{\eta_L} = \dfrac{155 \cdot 10^5 \text{ N/m}^2}{0{,}95}$

$= 163 \cdot 10^5$ N/m²

$= 16{,}3$ MPa ($=163$ bar)

d. $q_{v_{ab,M}} = V_M \cdot n = 9 \cdot 10^{-6}$ m³ $\cdot 9$ s⁻¹
$= 8{,}1 \cdot 10^{-5}$ m³/s
($= 4{,}86$ l/min)

$q_{v_{an,M}} = \dfrac{q_{v_{ab,M}}}{\eta_{v,M}} = \dfrac{8{,}1 \cdot 10^{-5} \text{ m}^3/\text{s}}{0{,}85}$

$= 9{,}53 \cdot 10^{-5}$ m³/s ($= 5{,}72$ l/min)

$q_{v_{ab,P}} = q_{v_{an,M}} = 9{,}53 \cdot 10^{-5}$ m³/s

$q_{V_{th,P}} = \dfrac{q_{v_{ab,P}}}{\eta_{v,P}} = \dfrac{9{,}53 \cdot 10^{-5} \text{ m}^3/\text{s}}{0{,}8}$

$= 11{,}9 \cdot 10^{-5}$ m³/s
($= 7{,}15$ l/min)

$q_{V_{th,P}} = V_P \cdot n \Rightarrow$

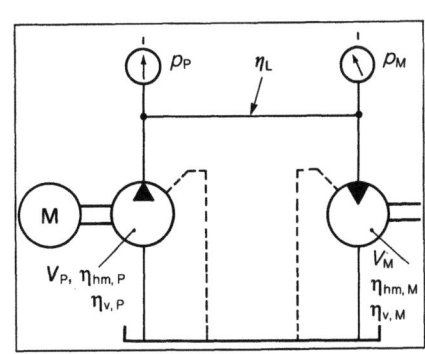

Bild 4-3

$V_P = \dfrac{q_{V_{th,P}}}{n} = \dfrac{11{,}9 \cdot 10^{-5} \text{ m}^3/\text{s}}{40 \text{ s}^{-1}}$

$= 2{,}98 \cdot 10^{-6}$ m³ ($=2{,}98$ cm³)

e. $P_{an,P} = \dfrac{P_{ab,M}}{\eta_{hm,M} \cdot \eta_{v,M} \cdot \eta_{hm,P} \cdot \eta_{v,P} \cdot \eta_L}$

$= \dfrac{1131 \text{ W}}{0{,}9 \cdot 0{,}85 \cdot 0{,}9 \cdot 0{,}8 \cdot 0{,}95}$

$= 2161$ W

4.3 Berechnung der hydraulischen Schrottpresse

Folgende Daten des Zylinderantriebs einer hydraulischen Schrottpresse sind bekannt:
– Druckkraft beim Ausfahrhub: 63 000 N ($=63$ kN)
– Hublänge 0,5 m
– Hubzeit ca. 5 s
– $\eta_m = 0{,}9$
Die einzusetzende Pumpe ($\eta_{hm,P} = 0{,}9$; $\eta_{v,P} = 0{,}85$) wird von einem stationären Dieselmotor mit einer geregelten Drehzahl von $n = 25$ s⁻¹ ($= 1500$ min⁻¹) angetrieben.
Als Arbeitsdruck herrschen 12 MPa ($=120$ bar). Es sind die Zylinder- und Pumpenabmessungen sowie die erforderliche Antriebsleistung zu berechnen.

Zylinder: $F = 63\,000$ N.
In Rechnung zu stellen sind:

$\hat{F} = \dfrac{F}{\eta_m} = \dfrac{63\,000 \text{ N}}{0{,}9} = 70\,000$ N
($= 70$ kN)

Kolbenfläche

$A_k = \dfrac{\hat{F}}{p} = \dfrac{70\,000 \text{ N}}{120 \times 10^5 \text{ Pa}} = 5{,}83 \times 10^{-3}$ m²

$\Rightarrow$ Kolbendurchmesser

$D_K = \sqrt{\dfrac{4 \cdot A_k}{\pi}} = \sqrt{\dfrac{4 \cdot 5{,}83 \cdot 10^{-3}}{\pi}} \cdot$ m

$= 0{,}086$ m $= 86$ mm

$\Rightarrow$ Es ist ein Zylinder mit $D_K = 90$ mm auszuwählen.
Damit beträgt der Arbeitsdruck:

$p = \dfrac{\hat{F}}{A_K} = \dfrac{70\,000 \text{ N}}{\dfrac{\pi}{4} 0{,}09^2 \text{ m}^2} = 110 \cdot 10^5$ Pa

$= 11$ MPa ($=110$ bar)

Erforderlicher Förderstrom:

$$q_{v_{ab,P}} = \frac{V_K}{t} = \frac{\frac{\pi}{4} 0{,}09^2 \text{ m}^2 \cdot 0{,}5 \text{ m}}{5 \text{ s}}$$

$$= 6{,}36 \cdot 10^{-4} \text{ m}^3/\text{s} \; (=38{,}2 \text{ l/min})$$

$$q_{v_{th,P}} = \frac{q_{v_{ab,P}}}{\eta_{v,P}} = \frac{6{,}36 \cdot 10^{-4} \text{ m}^3/\text{s}}{0{,}85}$$

$$= 7{,}48 \cdot 10^{-4} \text{ m}^3/\text{s}$$
$$(= 44{,}9 \text{ l/min})$$

Erforderliches Verdrängungsvolumen:

$$q_{v_{th,P}} = V_P \cdot n \Rightarrow V_P = \frac{q_{v_{th,P}}}{n}$$

$$= \frac{7{,}48 \cdot 10^{-4} \text{ m}^3/\text{s}}{25 \text{ s}^{-1}}$$

$$= 29{,}9 \cdot 10^{-6} \text{ m}^3 \; (= 29{,}9 \text{ cm}^3)$$

Es wird eine Pumpe mit einem Verdrängungsvolumen von $30 \cdot 10^{-6}$ m³ (= 30 cm³) gewählt, so daß die Geschwindigkeit des Zylinders nur wenig höher liegt.
Erforderliche Leistung:
Pumpe:

$$q_{v_{th,P}} = V \cdot n = 30 \cdot 10^{-6} \text{ m}^3 \cdot 25 \text{ s}^{-1}$$
$$= 7{,}5 \cdot 10^{-4} \text{ m}^3/\text{s} \; (= 45 \text{ l/min})$$

$$q_{v_{ab,P}} = q_{v_{th,P}} \cdot \eta_v$$
$$= 7{,}5 \cdot 10^{-4} \text{ m}^3/\text{s} \cdot 0{,}85$$
$$= 6{,}375 \cdot 10^{-4} \text{ m}^3/\text{s}$$
$$(= 38{,}3 \text{ l/min})$$

$$P_{ab,P} = p \cdot q_{v_{ab,P}}$$
$$= 110 \cdot 10^5 \text{ Pa} \cdot 6{,}375 \cdot 10^{-4} \text{ m}^3/\text{s}$$
$$= 7013 \text{ W}$$

$$P_{an,P} = \frac{P_{ab,P}}{\eta_v \cdot \eta_{hm}} = \frac{7013 \text{ W}}{0{,}9 \cdot 0{,}85}$$
$$= 9167 \text{ W} \; (= 9{,}2 \text{ kW})$$

4.4 Berechnung des geschlossenen Systems

Die in Bild 4-4 dargestellte Regelpumpe ist ausgeschwenkt und liefert den angegebenen Förderstrom. Der Arbeitsdruck in der Leitung zum Hydromotor beträgt 24 MPa (=240 bar). Der Druck an der Saugseite wird vom Überdruckventil nach dem Spülventil bestimmt und beträgt 1,4 MPa (=14 bar).
Vom Hydromotor sind folgende Daten bekannt:

$n_M = 12 \text{ s}^{-1}$; $\eta_{v,M} = 0{,}952$;
$\eta_{hm,M} = 0{,}95$
$q_{v_{an,M}} = 100 \text{ l/min} (= 1{,}67 \cdot 10^{-3} \text{ m}^3/\text{s})$
$q_{v_{ab,M}} = 95 \text{ l/min} (= 1{,}58 \cdot 10^{-3} \text{ m}^3/\text{s})$

Von der Hydropumpe wissen wir:

$n_P = 24 \text{ s}^{-1}$; $\eta_{v,P} = 0{,}952$;
$\eta_{hm,P} = 0{,}90$
$q_{v_{ab,P}} = 100 \text{ l/min} (= 1{,}67 \cdot 10^{-3} \text{ m}^3/\text{s})$
$q_{v_{th,P}} = 105 \text{ l/min} (= 1{,}75 \cdot 10^{-3} \text{ m}^3/\text{s})$

Von der Nachfüll-/Spülpumpe ist folgendes bekannt:

$\eta_{v,P} = 0{,}9$; $\eta_{hm,P} = 0{,}9$;
$n = n_P = 24 \text{ s}^{-1}$
$q_{v_{ab,P}} = 30 \text{ l/min} = 5 \cdot 10^{-4} \text{ m}^3/\text{s}$

Gesucht werden:
a. die Abtriebsleistung des Hydromotors,
b. das Verdrängungsvolumen des Hydromotors,
c. das Verdrängungsvolumen, auf das die Pumpe eingestellt ist,
d. die erforderliche Leistung des Elektromotors, um sowohl die Hauptpumpe als auch die Nachfüll-/Spülpumpe anzutreiben,
e. der Gesamtwirkungsgrad dieses Antriebs.

a. $P_{an,M} = \Delta p \cdot q_{v_{an,M}}$
$= 226 \cdot 10^5 \text{ N/m}^2 \cdot 1{,}67 \cdot 10^{-3} \text{ m}^3/\text{s}$
$= 37742 \text{ W}$
$= 37{,}74 \text{ kW} \; (= P_{ab,P})$

[Vor dem Hydromotor herrscht ein Druck von 24 MPa (=240 bar); nach dem Hydromotor 1,4 MPa (=14 bar). Daraus folgt die vom Motor aufgenommene Druckenergie:
$\Delta p = 24 \text{ MPa} - 1{,}4 \text{ MPa} = 22{,}6 \text{ MPa}$ (=226 bar).]

$P_{ab,M} = P_{an,M} \cdot \eta_{v,M} \cdot \eta_{hm,M}$
$= 37742 \text{ W} \cdot 0{,}95 \cdot 0{,}95$
$= 34062 \text{ W} = 34{,}06 \text{ kW}$

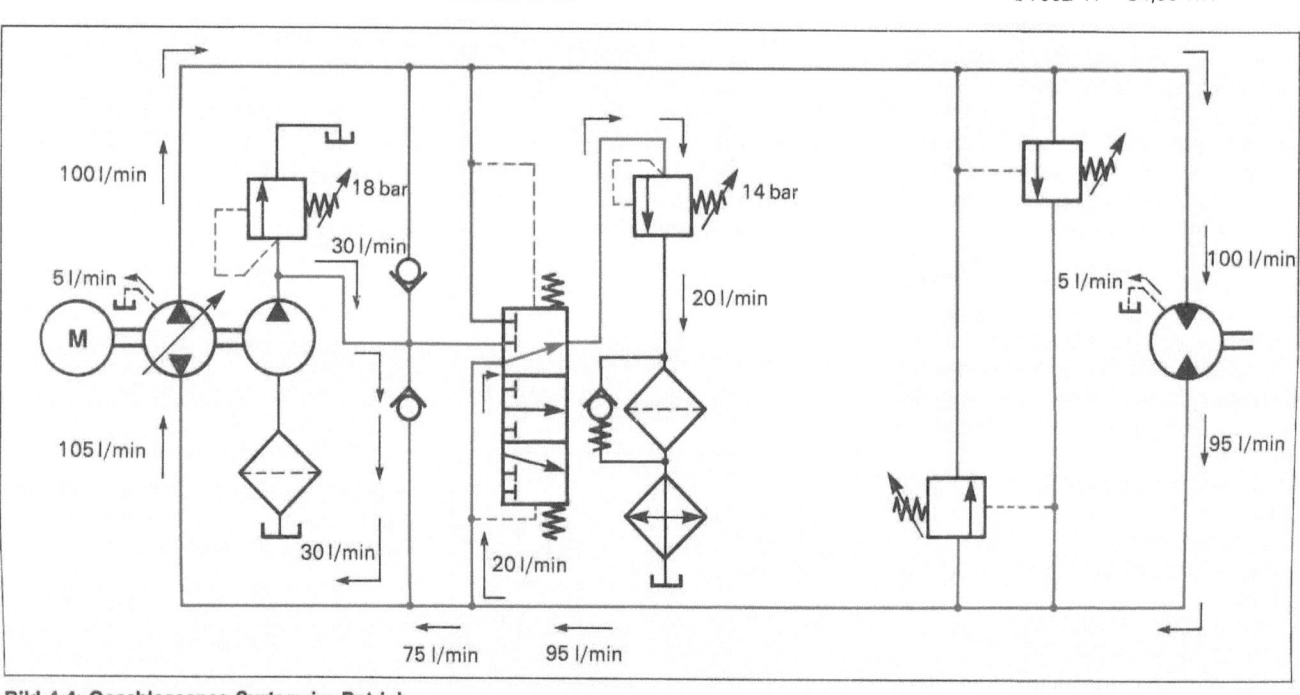

Bild 4-4: Geschlossenes System im Betrieb

b. $q_{V_{ab,M}} = V_M \cdot n_M \Rightarrow$

$V_M = \dfrac{q_{V_{ab,M}}}{n_M} = \dfrac{1{,}58 \cdot 10^{-3} \text{ m}^3/\text{s}}{12 \text{ s}^{-1}}$

$= 131{,}6 \cdot 10^{-6} \text{ m}^3 \; (= 131{,}6 \text{ cm}^3)$

c. $q_{V_{th,P}} = 1{,}75 \cdot 10^{-3} \text{ m}^3/\text{s} = V_P \cdot n_P \Rightarrow$

$V_P = \dfrac{q_{V_{th,P}}}{n_P} = \dfrac{1{,}75 \cdot 10^{-3} \text{ m}^3/\text{s}}{24 \text{ s}^{-1}}$

$= 72{,}9 \cdot 10^{-6} \text{ m}^3 \; (= 72{,}9 \text{ cm}^3)$

d. Hauptpumpe:

$P_{an,P} = \dfrac{P_{ab,P}}{\eta_{hm,P} \cdot \eta_{v,P}} = \dfrac{37\,742 \text{ W}}{0{,}9 \cdot 0{,}952}$

$= 44\,050 \text{ W} = 44{,}05 \text{ kW}$

Nachfüll-/Spülpumpe:

$P_{ab,P} = p \cdot q_{V_{ab,P}}$

$= 14 \cdot 10^5 \text{ Pa} \cdot 5 \cdot 10^{-4} \text{ m}^3/\text{s}$

$= 700 \text{ W}$

$P_{an,P} = \dfrac{P_{ab,P}}{\eta_{hm,P} \cdot \eta_{v,P}} = \dfrac{700 \text{ W}}{0{,}9 \cdot 0{,}9}$

$= 864 \text{ W}$

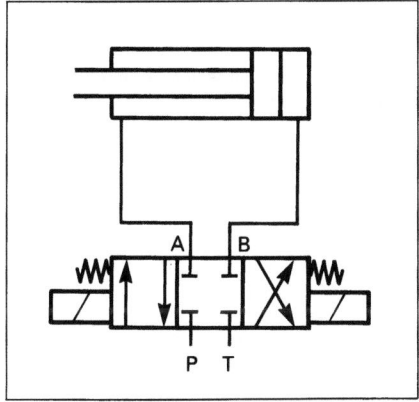

Bild 4-5

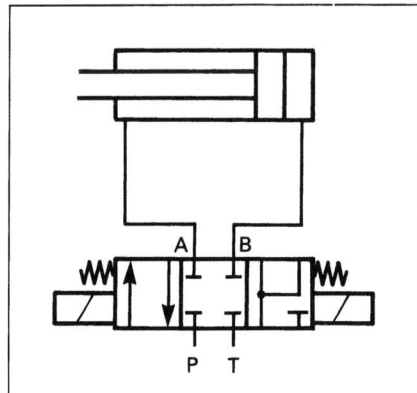

Bild 4-6

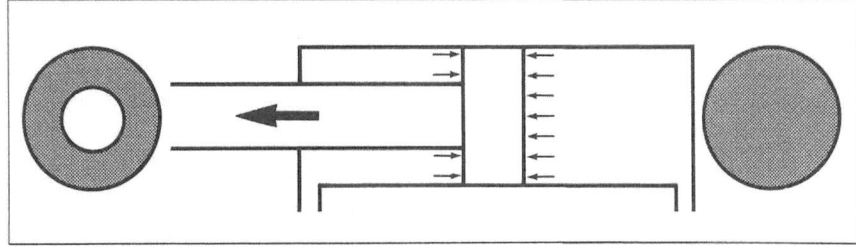

Bild 4-7

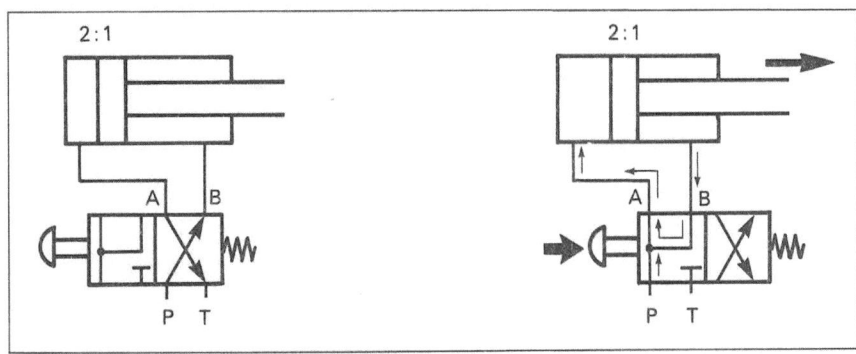

Bild 4-8

$P_{ges, E\text{-Motor}} = 44\,050 \text{ W} + 864 \text{ W}$

$= 44\,914 \text{ W}$

$= 44{,}9 \text{ kW}$

e. $\eta_{ges.} = \dfrac{\text{Nutzenleistung}}{\text{Antriebsleistung}}$

$= \dfrac{P_{ab,M}}{P_{E\text{-Motor}}} = \dfrac{34{,}06 \text{ kW}}{44{,}9 \text{ kW}} = 0{,}759$

$\Rightarrow$ Gesamtwirkungsgrad $\eta_{ges.} = 76\%$

4.5 Differentialschaltung

Wird ein Zylinder, wie in Bild 4-5 dargestellt, über ein 4/3-Wegeventil ein- und ausgefahren, ist die Geschwindigkeit beim Ausfahrhub kleiner als beim Einfahrhub. In manchen Anwendungen soll die Geschwindigkeit beim Ausfahrhub höher sein. Dies läßt sich durch eine Differentialschaltung des Zylinders erreichen (Bild 4-6).

Beim Ausfahrhub des Zylinders sind Kolben- und Stangenseite mit der Pumpe verbunden: an beiden Seiten des Kolbens herrscht somit derselbe Druck.
Wegen der Differenz zwischen Kolben- und Ringfläche fährt der Zylinder aber aus. Dabei wird das stangenseitige Ölvolumen der Pumpenförderung zugefügt, wodurch die Geschwindigkeit des Ausfahrhubs höher als bei normaler Schaltung wird. Natürlich ist aber die maximal mögliche Druckkraft geringer.
Der Zylinder in Bild 4-8 ist ein sogenannter Differentialzylinder. Das bedeutet, daß die Kolbenfläche doppelt so groß ist wie die Ringfläche ($\varphi = 2$). Damit ist das beim Ausfahrhub stangenseitig weggedrückte Ölvolumen halb so groß wie das Ölvolumen an der Kolbenseite. Zum Ein- und Ausfahren der Kolbenstange muß die Pumpe in beiden Fällen ein Ölvolumen entsprechend dem stangenseitigen Volumen fördern. Somit wird die Ausfahrgeschwindigkeit genauso groß wie die Einfahrgeschwindigkeit.
Zylinderabmessungen in den Bildern 4-5 und 4-6:
Kolbenfläche $A_K = 10 \cdot 10^{-4} \text{ m}^2$
($= 10 \text{ cm}^2$)
Ringfläche $A_R = 6 \cdot 10^{-4} \text{ m}^2$ ($= 6 \text{ cm}^2$)
Hub $s = 0{,}6 \text{ m}$ ($= 60 \text{ cm}$)

Die Anlagenpumpe fördert $1 \cdot 10^{-4} \text{ m}^3/\text{s}$ ($= 6 \text{ l/min}$).
Der maximale Anlagendruck beträgt 12 MPa ($= 120 \text{ bar}$).

Gesucht werden:
a. die Ein- und Ausfahrgeschwindigkeit des Zylinders (Bild 4-5),
b. die maximale Kraft sowohl beim Ein- als auch beim Ausfahren bei $\eta_m = 100\%$ (Bild 4-5),
c. die Werte von a. und b., diesmal jedoch bei Differentialschaltung gemäß Bild 4-6.

a. Ausfahrgeschwindigkeit:
$$V_K = A_K \cdot s = 10 \cdot 10^{-4} \text{ m}^2 \cdot 0{,}6 \text{ m}$$
$$= 6 \cdot 10^{-4} \text{ m}^3$$

$q_v = 1 \cdot 10^{-4}$ m³/s $\Rightarrow$ Ausfahrhubzeit

$$t_{aus} = \frac{V_K}{q_v} = \frac{6 \cdot 10^{-4} \text{ m}^3}{1 \cdot 10^{-4} \text{ m}^3/\text{s}} = 6\text{s}$$

$$v_{aus} = \frac{s}{t_{aus}} = \frac{0{,}6 \text{ m}}{6 \text{ s}} = 0{,}1 \text{ m/s}$$

Anmerkung: In diesem Fall kann auch wie folgt berechnet werden:

$$q_v = \frac{V_K}{t_{aus}} = \frac{A_K \cdot s}{t} = A_K \cdot v_{aus} \Rightarrow$$

$$v_{aus} = \frac{q_v}{A_K} = \frac{1 \cdot 10^{-4} \text{ m}^3/\text{s}}{10 \cdot 10^{-4} \text{ m}^2} = 0{,}1 \text{ m/s}$$

Einfahrgeschwindigkeit:

$$v_{ein} = \frac{q_v}{A_R} = \frac{1 \cdot 10^{-4} \text{ m}^3/\text{s}}{6 \cdot 10^{-4} \text{ m}^2} = 0{,}17 \text{ m/s}$$

b. $F_{aus} = p \cdot A_K$
$$= 120 \cdot 10^5 \text{ Pa} \cdot 10 \cdot 10^{-4} \text{ m}^2$$
$$= 12\,000 \text{ N} = 12 \text{ kN}$$

$F_{ein} = p \cdot A_R = 120 \cdot 10^5$ Pa $\cdot 6 \cdot 10^{-4}$ m²
$$= 7200 \text{ N} = 7{,}2 \text{ kN}$$

c. Beim Ausfahren mittels Differentialschaltung braucht die Pumpe nur folgendes Ölvolumen zu fördern:

$V = V_K - V_R = (A_K - A_R) \cdot s$
$$= (10 \cdot 10^{-4} \text{ m}^2 - 6 \cdot 10^{-4} \text{ m}^2) \cdot 0{,}6 \text{ m}$$
$$= 2{,}4 \cdot 10^{-4} \text{ m}^3$$

Die Hubzeit beträgt:

$$t_{aus} = \frac{V}{q_v} = \frac{2{,}4 \cdot 10^{-4} \text{ m}^3}{1 \cdot 10^{-4} \text{ m}^3/\text{s}} = 2{,}4 \text{ s} \Rightarrow$$

$$v_{aus} = \frac{s}{t_{aus}} = \frac{0{,}6 \text{ m}}{2{,}4 \text{ s}} = 0{,}25 \text{ m/s}$$

(2,5mal so groß wie im Fall a)

Die Einfahrgeschwindigkeit ändert sich nicht: $v_{ein} = 0{,}17$ m/s.

$F_{aus} = p \cdot A_K - p \cdot A_R = p (A_K - A_R)$
$$= 120 \cdot 10^5 \text{ Pa} \cdot (10 \cdot 10^{-4} \text{ m}^2$$
$$- 6 \cdot 10^{-4} \text{ m}^2)$$
$$= 4800 \text{ N} = 4{,}8 \text{ kN}$$

F_{ein} ändert sich nicht und bleibt 7200 N ($= 7{,}2$ kN).

Bild 4-9: Daß die Hydraulik nicht nur für große Anlagen wie in den Bildern 4-10 und 4-11 eine Rolle spielt, zeigt hier die Herstellung von staubbindenden Wischtüchern. Siebzig Millionen hauchdünne Vliestücher, hergestellt von Hewitex Nederland, werden jährlich mit Zehntausenden Litern von weißem, medizinischem FINA-Öl getränkt. Das Öl in den Tüchern hält Krankenhausflure staubfrei und sorgt für rosige Kinderpopos.

Bild 4-10: Blick auf Ekofisk

Bild 4-11: Seit dem Bau des Ekofisk-Komplexes (30% Petrofina-Anteil) im Jahre 1970 hat sich der Abstand zwischen den Plattformdecks und der Meeresoberfläche um etwa vier Meter verringert. Infolge der Öl- und Gasförderung sackt der Meeresboden nämlich ab. Aus Messungen geht eine fast konstante Absenkung um jährlich etwa 35 mm hervor. Deshalb muß der Gesamtkomplex sechs Meter angehoben werden. Mit leistungsfähigen Hydraulikhebern werden alle Plattformen gestützt, während die 47 Pfeiler durchtrennt werden. Für das Anbringen der Verlängerungsstücke heben die Heber das Ganze an. Jedes sechs Meter lange Verlängerungsstück wiegt 31,5 Tonnen und wird mit Dutzenden Bolzen von je 100 kg Gewicht an den durchgetrennten Füßen befestigt.

5 Druckspeicher

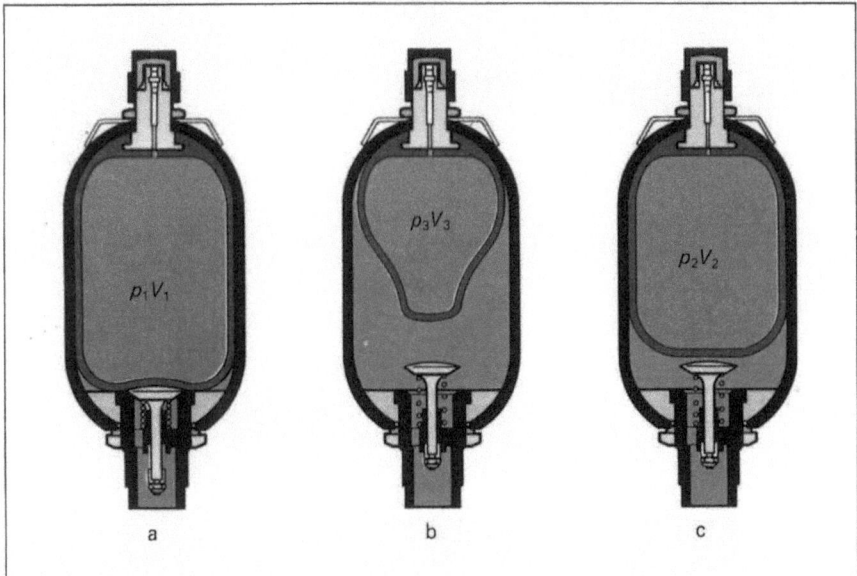

Bild 5-1

5.1 Einleitung

Für die Berechnung eines Blasenspeichers spielen die folgenden Drücke eine wichtige Rolle:

p_1 = Stickstoffvordruck,
p_2 = minimaler Anlagendruck bei weitgehend leerem Speicher,
p_3 = maximaler Druck bei gefülltem Speicher.

Je nach Anwendungsgebiet gilt für den Stickstoffvordruck p_1 folgendes:

a. Als Stoßdämpfer wirkender Speicher:
$p_1 = 90\%$ des maximalen Arbeitsdrucks.
Beispiel: $p_3 = 15$ MPa ($= 150$ bar); $p_1 = 0,9 \cdot p_3 = 13,5$ MPa ($= 135$ bar).

b. Als Hilfsenergiequelle wirkender Speicher:
$p_1 = 90\%$ des minimalen Arbeitsdrucks. Damit verbleibt noch eine geringe Ölmenge im Speicher, so daß die Blase nicht gegen den Ventilausgang gepreßt wird. Dies kommt der Lebensdauer der Blase zugute (Bild 5-1 c).
Beispiel: Als minimalen Anlagendruck nehmen wir $p_2 = 8$ MPa ($= 80$ bar) an.
$p_1 = 0,9 \cdot p_2 = 0,9 \cdot 8$ MPa $= 7,2$ MPa ($= 72$ bar).
Aus Gründen der Lebensdauer darf bei diesem Speicher außerdem der maximale Arbeitsdruck p_3 nicht das Dreifache von p_1 überschreiten. Im vorhergehenden Beispiel bedeutet das einen maximal zulässigen Arbeitsdruck von $3 \cdot 7,2$ MPa $= 21,6$ MPa ($= 216$ bar).

5.2 Berechnung des verfügbaren Ölvolumens

Die Berechnung von Druckspeichern läuft auf eine Berechnung der gasseitigen Verhältnisse des Speichers hinaus, bei der das Gesetz von Boyle-Gay Lussac angewendet wird. Danach ist:

$$\frac{p \cdot V}{T} = \text{konstant}$$

Darin sind:
p = Druck (Pa), absoluter Druck
V = Volumen (m³)
T = Temperatur (K), absolute Temperatur

Im allgemeinen wird der Druckspeicher relativ langsam von der Hydropumpe vollgepumpt.
Damit wird das Stickstoffgas in der Blase so langsam verdichtet, daß seine Temperatur konstant bleibt. In diesem Fall spricht man von einer isothermischen (bei gleichen Temperaturen verlaufenden) Kompression, für die gilt:

$$p_1 \cdot V_1 = p_2 \cdot V_2 = p_3 \cdot V_3.$$

Oft werden Druckspeicher dort eingesetzt, wo kurzfristig ein großer Ölstrom benötigt wird. Der Druckspeicher wird dann so schnell abgelassen, daß es zu keinem Wärmeaustausch mit der Umgebung kommen kann. Daher geht man bei der Berechnung von einer adiabatischen (ohne Energieaustausch mit der Umgebung verlaufenden) Zustandsänderung aus, für die gilt:

$$p_1 \cdot V_1^\kappa = p_2 \cdot V_2^\kappa = p_3 \cdot V_3^\kappa.$$

Der Exponent κ ist von der Art des Gases und von der Geschwindigkeit abhängig, mit der der Druckspeicher entleert wird. Für Stickstoff kann ein Wert von 1,4 für k zugrunde gelegt werden, so daß gilt:

$$p_1 \cdot V_1^{1,4} = p_2 \cdot V_2^{1,4} = p_3 \cdot V_3^{1,4}.$$

Beispiel:
Speicherinhalt: 50 l
Stickstoffvordruck: 20 MPa ($= 200$ bar)
Max. Arbeitsdruck: 30 MPa ($= 300$ bar)

Gesucht wird das verfügbare Ölvolumen bei isothermischer Kompression und adiabatischer Expansion.

Lösung:
Füllen

$p_1 \cdot V_1 = p_3 \cdot V_3 \Rightarrow$

$V_3 = \dfrac{p_1}{p_3} \cdot V_1 = \dfrac{20 \text{ MPa}}{30 \text{ MPa}} \cdot 50 \text{ l}^*$

$= 33,3$ l Stickstoff

Damit beträgt das Ölvolumen:

$V_{Öl} = V_1 - V_3 = 50 \text{ l} - 33,3 \text{ l} = 16,7 \text{ l}.$

Beim Ablassen bis auf einen Druck von $p_2 = p_1 = 20$ MPa dehnt sich das Gas auf ein Volumen V_2 aus:

$p_2 \cdot V_2^{1,4} = p_3 \cdot V_3^{1,4} \Rightarrow V_2^{1,4} = \dfrac{p_3}{p_2} \cdot V_3^{1,4}$

$V_2 = \sqrt[1,4]{\dfrac{p_3}{p_2}} \cdot V_3 = \sqrt[1,4]{\dfrac{30 \text{ MPa}}{20 \text{ MPa}}} \cdot 33,3 \text{ l}$

$= 44,5$ l Gas.

Folglich beträgt das zur Verfügung gestellte Ölvolumen $V_2 - V_3 = 44,5 \text{ l} - 33,3 \text{ l} = 11,2 \text{ l}.$

Damit enthält der Druckspeicher bei einem Druck von 20 MPa ($= 200$ bar) noch etwa $16,7 \text{ l} - 11,2 \text{ l} = 5,5 \text{ l}$ Öl. Grund dafür ist, daß das Stickstoffgas sich bei der schnellen Ausdehnung abkühlt, wodurch Gasdruck und Gasvolumen zusätzlich abnehmen.

---

* Da es in den Formeln um Verhältnisse geht, darf das Volumen in Litern und der Druck in MPa angegeben werden.

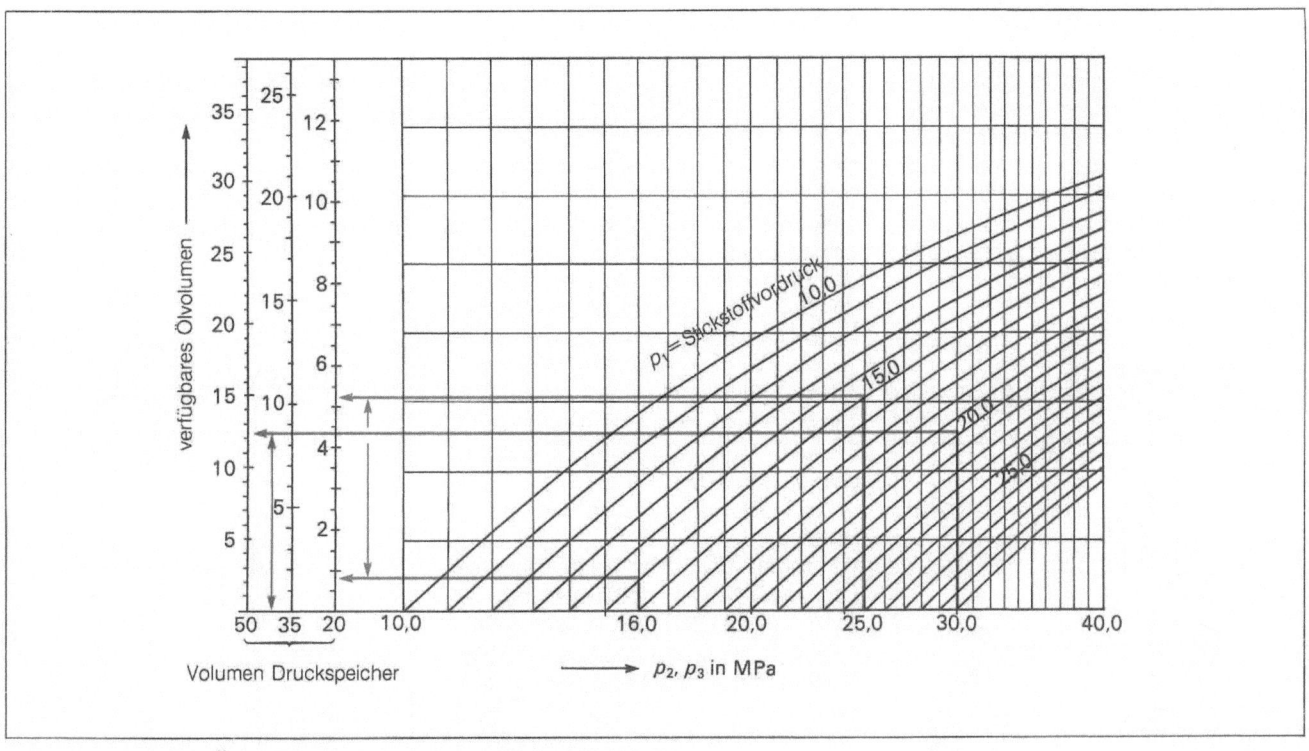

Bild 5-2: Verfügbares Ölvolumen bei adiabatischer Zustandsänderung
Rote Linie: Angaben aus Berechnungsbeispiel
Blaue Linie: $p_2 = 16$ MPa ($= 160$ bar)
 $p_3 = 25$ MPa ($= 250$ bar)
Druckspeichervolumen: $V_1 = 20$ l
Aus dem Diagramm geht ein verfügbares Ölvolumen von $5{,}1 - 0{,}8 = 4{,}3$ l hervor.

Werden dem Speicher die verbleibenden 5,5 l Öl entnommen, dann fällt der Stickstoffdruck auf etwa 17 MPa ($= 170$ bar).

Aus diesem Beispiel geht hervor, daß der Stickstoffvordruck unter den richtigen Bedingungen gemessen werden muß, d. h. bei normaler Betriebstemperatur des Druckspeichers.

In den Dokumentationen der Speicherhersteller sind Diagramme enthalten, aus denen das verfügbare Ölvolumen direkt abgelesen werden kann (siehe Bild 5-2).

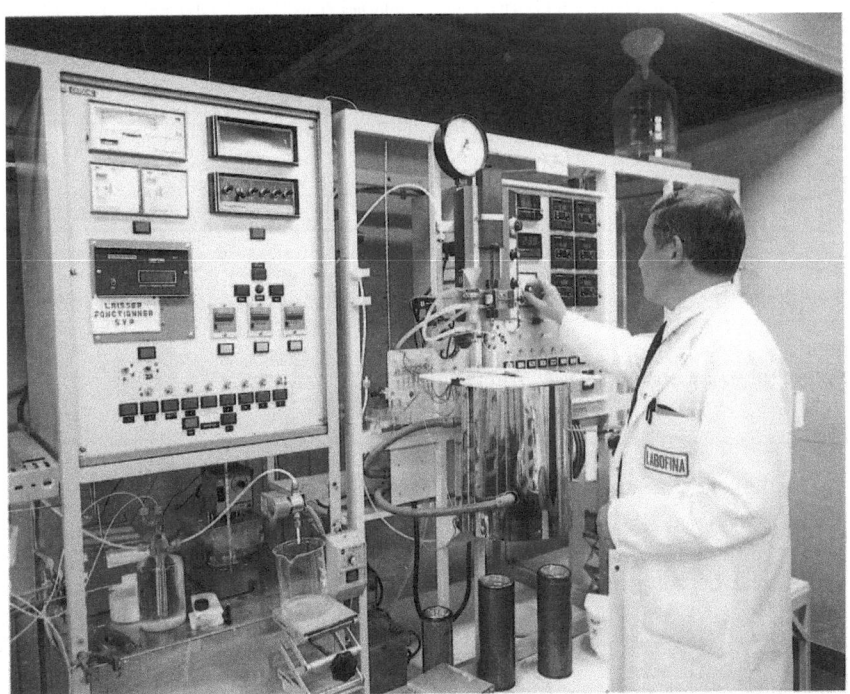

Bild 5-3: Die immer höheren Anforderungen an hydraulische Geräte machen laufende Untersuchungen von gebrauchten und neuen Hydraulikflüssigkeiten dringend erforderlich.

6 Druckaufbau und Wärmeentwicklung bei der Anwendung von Drossel-, Stromregel- und Senkbremsventilen

6.1 2-Wege-Stromregelventil

Die Drehzahl des Hydromotors in Bild 6-1 wird mit Hilfe eines 2-Wege-Stromregelventils konstant gehalten. Jener Teil der Pumpenförderung, der nicht vom Stromregelventil durchgelassen wird, strömt über das Überdruckventil zum Behälter. Damit wird die von der Pumpe abgegebene Energie teilweise in Wärme umgewandelt.

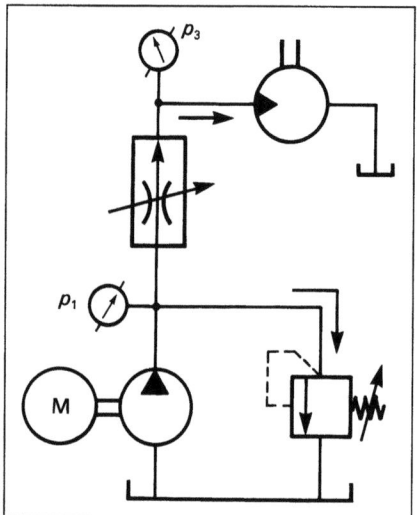

Bild 6-1

Beispiel (Bild 6-1):
Die Pumpe fördert $q_{v_{ab,P}} = 4 \cdot 10^{-4}$ m³/s (=24 l/min). Der Druck p_1 (Einstellung des Überdruckventils) beträgt 12 MPa (=120 bar). Der Druck p_3 (Hydromotorlast) beträgt 9 MPa (=90 bar). Das Stromregelventil ist auf $3 \cdot 10^{-4}$ m³/s (=18 l/min) eingestellt.
Welche Leistung wird in Wärme umgewandelt?

Lösung:
Hydraulische Abtriebsleistung der Pumpe:

$P_{ab,P} = p_1 \cdot q_{v_{ab,P}}$
$= 120 \cdot 10^5$ Pa $\cdot 4 \cdot 10^{-4}$ m³/s
$= 4800$ W

Hydraulische Leistung nach Stromregelventil:

$P_{an,M} = p_3 \cdot q_{v_{an,M}}$
$= 90 \cdot 10^5$ Pa $\cdot 3 \cdot 10^{-4}$ m³/s
$= 2700$ W

In Wärme wird umgewandelt:
$P_{ab,P} - P_{an,M} = 4800$ W $- 2700$ W
$= 2100$ W

Dies ist nicht gerade die beste Geschwindigkeitsregelung, denn fast die Hälfte der entwickelten Leistung wird in Wärme umgewandelt. Diese Wärme geht über das Öl, die Bauelemente, die Leitungen, den Behälter und eventuell den Ölkühler in die Umgebung.

Anmerkung: Als Faustregel gilt, daß die Temperaturerhöhung des Öls ungefähr 6 K je 10 MPa (=100 bar) Druckverlust beträgt (also 6 K/10 MPa).

Beispiel:
Wir setzen das Druckgefälle über ein Stromregel- oder Überdruckventil mit 16 MPa (=160 bar) an. Die Öltemperatur nach dem Ventil liegt dann um (16 MPa : 10 MPa) · 6 K = 9,6 K höher als vor dem Ventil.
Natürlich ist das nur ein theoretischer Wert, da in Wirklichkeit eine große Wärmemenge an die Umgebung abgegeben wird. Dennoch läßt sich aus dieser einfachen Berechnung gut erkennen, wie die Öltemperatur in der Hydraulikanlage ansteigen kann.

Wird das 2-Wege-Stromventil aus diesem Beispiel durch eine Drossel ersetzt, bleibt die Berechnung und damit auch die Wärmeentwicklung dieselbe.

6.2 3-Wege-Stromregelventil

In Bild 6-3 wurde das 2-Wege-Stromregelventil durch ein 3-Wege-Stromregelventil ersetzt.
Bei dieser Regelung wird der nicht benötigte Ölstrom über das 3-Wege-Stromregelventil selbst zum Behälter geführt.

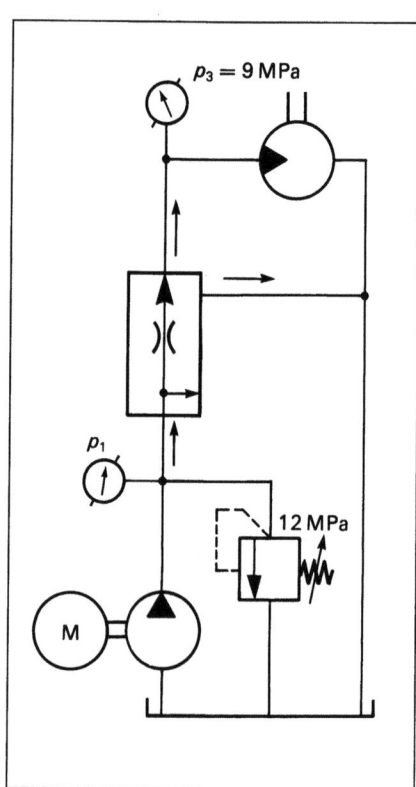

Bild 6-3

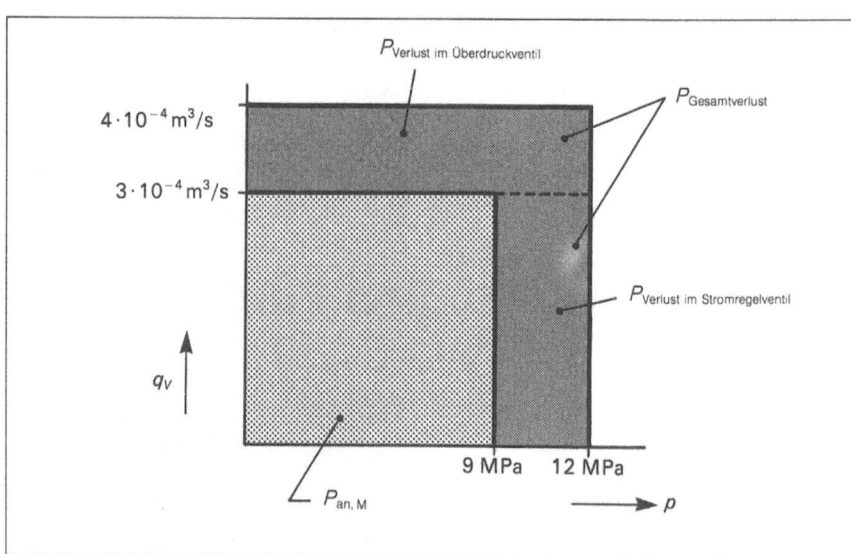

Bild 6-2: Gegenüberstellung von Druck und Förderstrom; die unterschiedlichen Flächen entsprechen der entwickelten Leistung.
(Beispiel: $P_{an,M} = 90 \cdot 10^5$ Pa $\cdot 3 \cdot 10^{-4}$ m³/s = 2700 W ≙ Fläche links unten)

Der Druck vor dem Stromregelventil liegt um 0,8 bis 1 MPa (= 8 bis 10 bar) höher als danach (die Ventilkonstante).
Ausgehend vom gleichen System wie in Bild 6-1 folgt dann:

$q_{v_{ab,P}} = 4 \cdot 10^{-4}$ m³/s
$q_{v_{an,M}} = 3 \cdot 10^{-4}$ m³/s
$p_3 = 9$ MPa (= 90 bar)
$p_1 = 10$ MPa (= 100 bar)

(unter Zugrundelegung einer „Ventilkonstante" von 1 MPa bzw. 10 bar)

Hydraulische Abtriebsleistung der Pumpe:

$P_{ab,P} = p_1 \cdot q_{v_{ab,P}}$
$= 100 \cdot 10^5$ Pa $\cdot 4 \cdot 10^{-4}$ m³/s
$= 4000$ W

Hydraulische Leistung nach Stromregelventil:

$P_{an,M} = p_3 \cdot q_{v_{an,M}} = 90 \cdot 10^5$ Pa $\cdot 3 \cdot 10^{-4}$ m³/s
$= 2700$ W

In Wärme wird umgewandelt:

$P_{ab,P} - P_{an,M} = 4000$ W $- 2700$ W
$= 1300$ W

Mit einer Regelung unter Einsatz eines 3-Wege-Stromregelventils erreicht man wesentlich geringere Verluste (Bild 6-4) als beim 2-Wege-Stromventil.
Nachteilig wirkt sich beim 3-Wege-Stromregelventil aus, daß sich das Ventil nur in der Zulaufleitung zum Verbraucher anbringen läßt. Mit diesem Ventil ist es also nicht möglich, einen belasteten Zylinder beim Senken der Last unter Kontrolle zu halten. Die Last würde mit hoher Geschwindigkeit absinken (Bild 6-5).
Dagegen kann mit einem 2-Wege-Stromregelventil die Einfahrgeschwindigkeit des Zylinders beeinflußt werden.
Ein weiterer Nachteil ist, daß sich mehrere 3-Wege-Stromregelventile nicht parallel schalten lassen (der am wenigsten belastete Verbraucher bestimmt den Anlagendruck). Bei 2-Wege-Stromregelventilen ist eine solche Schaltung dagegen möglich (Bild 6-6).

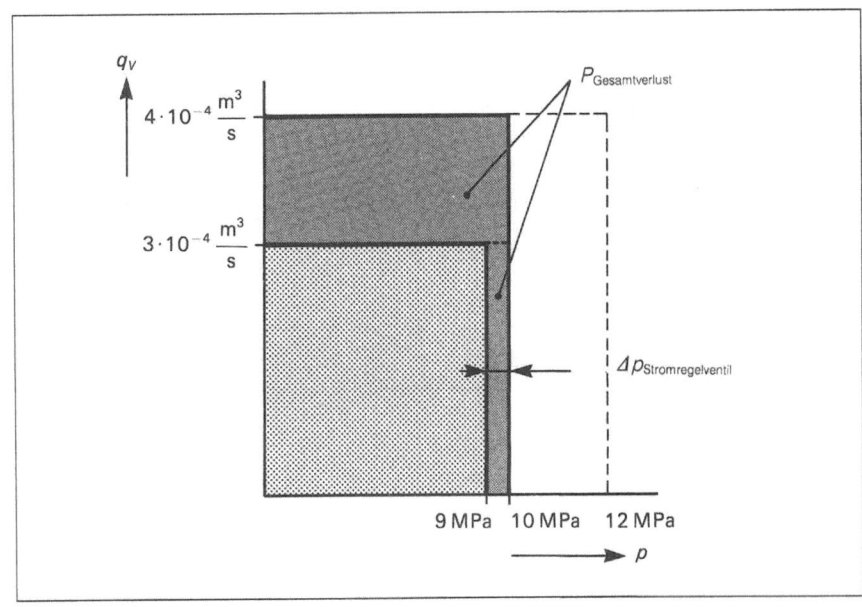

Bild 6-4

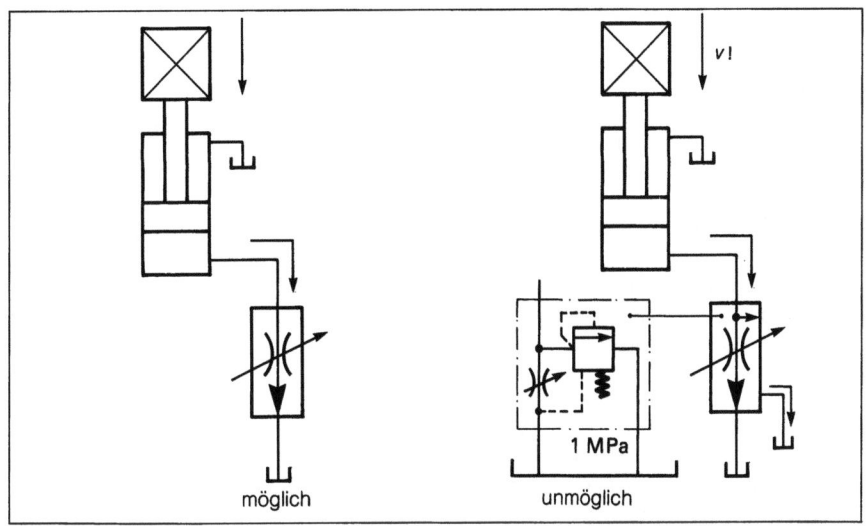

Bild 6-5

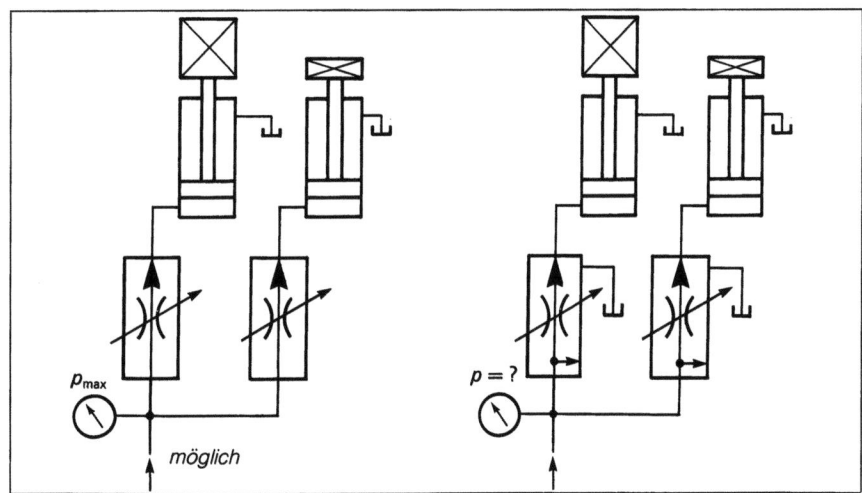

Bild 6-6

6.3 Geschwindigkeitsregelung beim Zylinder

Die Geschwindigkeit beim Ausfahrhub des Zylinders in Bild 6-7 wird von einem 2-Wege-Stromregelventil in der Rücklaufleitung geregelt (Sekundärregelung). Folgende Anlagenwerte sind bekannt:
Verhältnis Kolbenfläche zu Ringfläche 2:1 ($\varphi = 2$);
Pumpenförderung: $6{,}3 \cdot 10^{-4}$ m³/s ($= 38$ l/min);
Einstellung Stromregelventil: $3 \cdot 10^{-4}$ m³/s ($= 18$ l/min).
An der Stangenseite steht ein Lastdruck von 7,5 MPa ($= 75$ bar) an. Das Überdruckventil der Anlage ist auf 12 MPa ($= 120$ bar) eingestellt.

Gesucht werden die Drücke, die beim *Ausfahren* des belasteten Zylinders (Achtung: die Last hilft mit!) an den verschiedenen Manometern abgelesen werden können.

Lösung:
Ein Teil der Pumpenförderung wird über das Überdruckventil zum Behälter abgeführt, damit beträgt der Druck
$p_1 = p_2 = 12$ MPa ($= 120$ bar).
Infolge des Flächenverhältnisses (φ) verursachen diese 12 MPa an der Stangenseite des Zylinders einen Druck von
12 MPa $\cdot \varphi = 12$ MPa $\cdot 2 = 24$ MPa ($= 240$ bar). Dort wird das Öl ja vom Stromregelventil „abgebremst".
Zusammen mit dem Druck der dabei wirkenden Last wird $p_3 = 24$ MPa $+ 7{,}5$ MPa $= 31{,}5$ MPa ($= 315$ bar).
Mit dieser Geschwindigkeitsregelung geht ein relativ hoher stangenseitiger Druck einher. Die vom Stromregelventil in Wärme umgewandelte Leistung beträgt:

$P = \Delta p \cdot q_v = 315 \cdot 10^5$ Pa $\cdot 3 \cdot 10^{-4}$ m³/s
$= 9450$ W

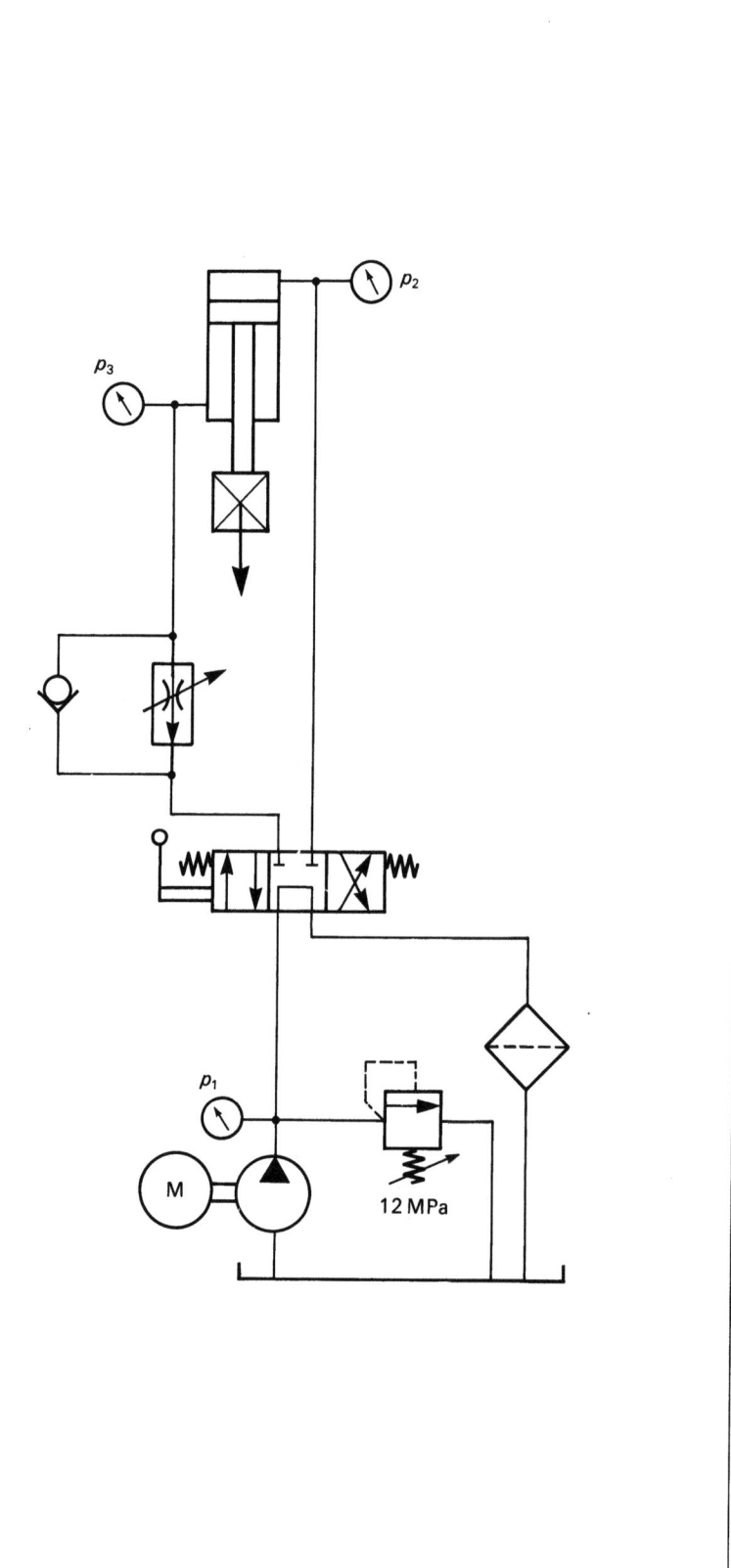

Bild 6-7: Last wird von einem 2-Wege-Stromregelventil abgebremst

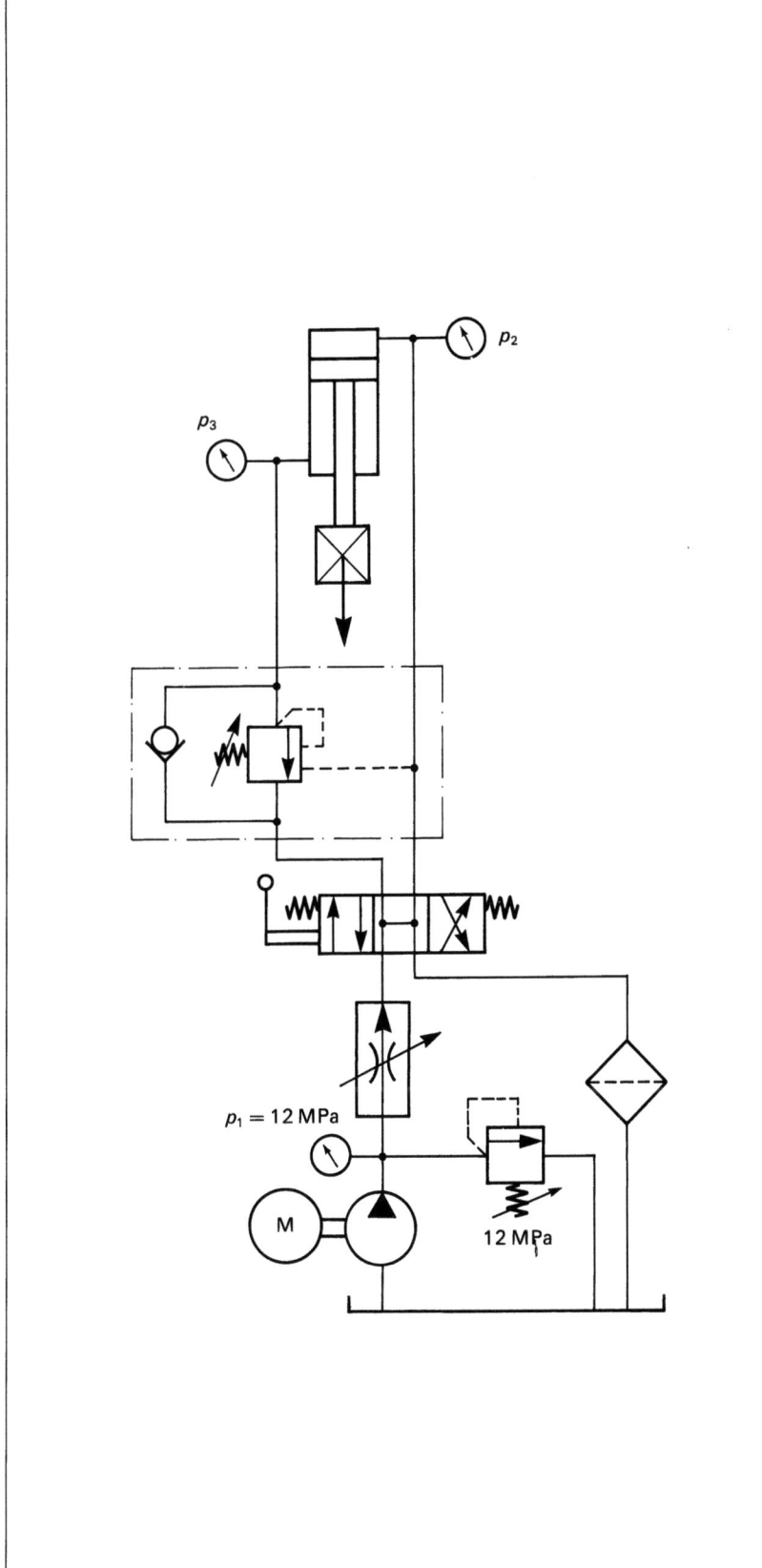

Bild 6-8: Senkbremsventil bremst die Last ab

Δp ist das Druckgefälle über das Stromregelventil.

In diesem Fall ist die Regelung in Bild 6-8 etwas günstiger. Die Geschwindigkeit wird im Zulaufstrom geregelt (Primärregelung). Das Senkbremsventil (Bremsventil) in der Rücklaufleitung sorgt beim *Ausfahren* des Zylinders für eine kontrollierte Bewegung der Last.

Um einen guten Vergleich mit dem vorherigen Beispiel zu ermöglichen, wird das Stromregelventil so eingestellt, daß der beim Ausfahren des Zylinders über das Senkbremsventil zum Behälter zurückfließende Ölstrom auch $3 \cdot 10^{-4}$ m³/s beträgt.

Zum Öffnen des Senkbremsventils ist je nach Typ ein Steuerdruck von z. B. 2 MPa (20 bar) erforderlich. Dieser benötigte Steuerdruck nimmt mit zunehmender Last selbst ab, weil die Last beim Öffnen des Ventils „nachhilft".
Der Steuerdruck von 2 MPa (= 20 bar) (= p_2) verursacht an der Zylinderstangenseite einen Druck von: 2 MPa $\cdot \varphi = 2$ MPa $\cdot 2 = 4$ MPa (= 40 bar).
Zusammen mit dem Druck der Last ergibt sich $p_3 = 4$ MPa + 7,5 MPa = 11,5 MPa (= 115 bar).
Jetzt liegt der stangenseitige Druck wesentlich niedriger, und die im Senkbremsventil in Wärme umgewandelte Leistung beträgt:

$P = \Delta p \cdot q_v = 115 \cdot 10^5$ Pa $\cdot 3 \cdot 10^{-4}$ m³/s

$= 3450$ W

7 Größenbestimmung von Bauelementen

Selbstverständlich müssen Arbeitsdruck und Strömungsquerschnitte der verschiedenen Bauelemente in einer Anlage aufeinander abgestimmt sein.

Die konstruktive Ausführung und die Höhe sowohl des Betriebsdruckes als auch des Flüssigkeitsstromes von Hydropumpen, -motoren und Zylindern werden durch die geforderten Leistungsdaten bestimmt (Drehmoment, Kraft, Geschwindigkeit).

So werden in einer einfachen Anlage mit wenigen Zylindern bzw. Hydromotoren und einem Druckbereich bis zu 14 MPa (=140 bar) meist Zahnradpumpen und -motoren verwendet, während in einer Anlage mit großem Ölstrom und einem Druckbereich bis zu 300 bar und darüber vorwiegend mit Kolbenpumpen und -motoren gearbeitet wird.

Für Wegeventile, Druck- und Stromregelventile, Drosseln, Filter und Kühler gilt, daß ihre Durchflußkapazität so groß sein muß, daß der Druckabfall im Bauelement minimal ist. Wird in einer Anlage z.B. ein Überdruckventil mit ungenügender Durchlaßfähigkeit installiert, kann der Druck in der Anlage unzulässig hoch werden.

Von den Herstellern werden in der Dokumentation die erforderlichen Angaben bereitgestellt, um eine richtige Auswahl zu ermöglichen.

Bild 7-2 zeigt das Diagramm eines Wegeventils NG 6 von Bosch (Bild 7-1), aus dem sich die verschiedenen Strömungsrichtungen und das Druckgefälle über dem Ventil ablesen lassen.

Wird für ein bestimmtes Ventil ein Nenndurchfluß von 60 l/min ($=1 \cdot 10^{-3}$ m³/s) angegeben, so wurde die Messung im allgemeinen bei einem Druckgefälle von $\Delta p = 0,1$ MPa (=1 bar) über dem Ventil vorgenommen.

Bei einem Ölstrom q_v von 30 l/min ($=5 \cdot 10^{-4}$ m³/s) beträgt das Druckgefälle für dieses Ventil (Kurve 2) $\Delta p = 2,5$ bar (=0,25 MPa).

Dieses Ventil kann beispielsweise bei einem Ölstrom in der Anlage zwischen 10 und 30 l/min ($=1,67 \cdot 10^{-4}$ bis $5 \cdot 10^{-4}$ m³/s) eingesetzt werden.

Der zulässige Arbeitsdruck beträgt 315 bar (=31,5 MPa).

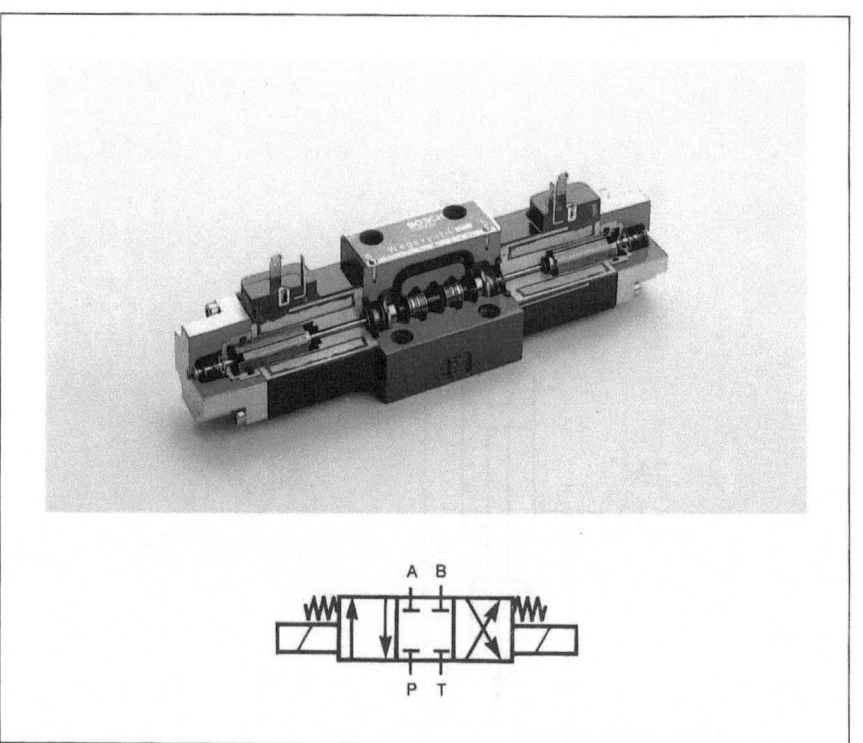

Bild 7-1

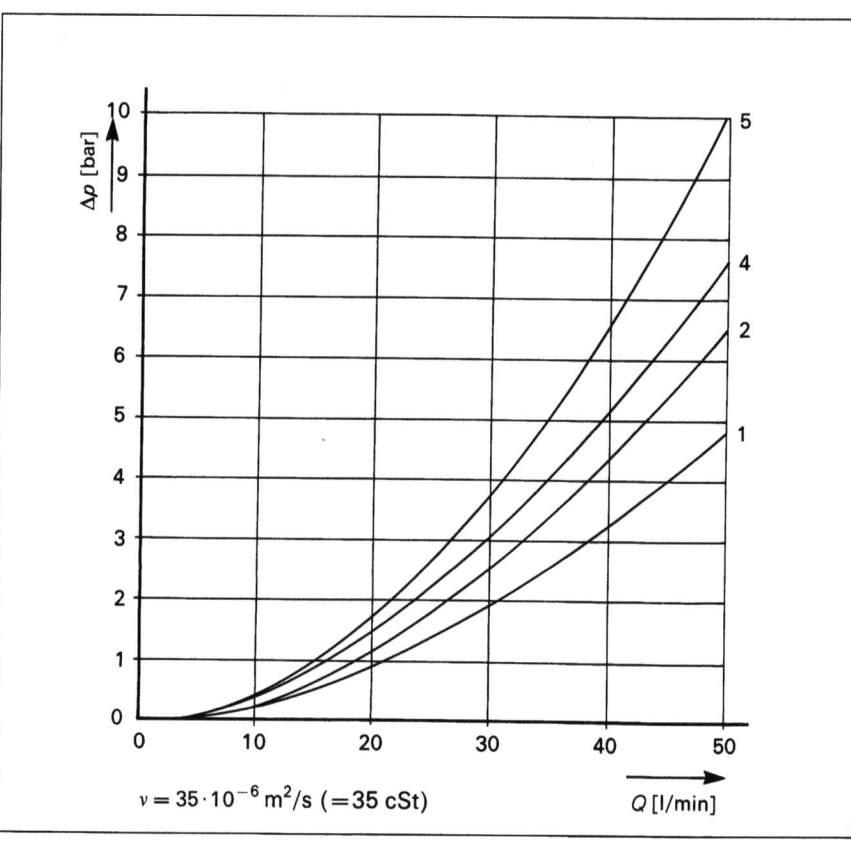

Bild 7-2: Δ_p für P → A: Kurve 1
Δ_p für P → B: Kurve 2
Δ_p für A → T: Kurve 3
Δ_p für B → T: Kurve 4

Übersicht über die häufigsten Symbole der Hydraulik

Symbol	Bezeichnung	Symbol	Bezeichnung	Symbol	Bezeichnung
	Arbeitsleitung		einfachwirkender Zylinder		Sperrventil
	Steuerleitung oder Leckleitung		doppeltwirkender Zylinder		Schnellkupplung a) gekuppelt b) entkuppelt
	Umrandungslinie für zusammengehörige Bauelemente		Zylinder mit durchgehender Kolbenstange		Wechselventil
	Leitungsverbindung		Differentialzylinder		Druckspeicher
	Leitungskreuzung		Zylinder mit einfacher, einstellbarer Dämpfung		Filter
	Schlauch		Zylinder mit doppelter, einstellbarer Dämpfung		Kühler
	Elektromotor		Teleskopzylinder		Manometer
	Verbrennungsmotor		Wegeventil		Volumenstrommeßgerät
	Hydropumpe, 1 Strömungsrichtung, mit konstantem Verdrängungsvolumen		Rückschlagventil		Druckknopfbetätigung
	Hydropumpe, 2 Strömungsrichtungen, mit konstantem Verdrängungsvolumen		gesteuertes Rückschlagventil		Hebelbetätigung
	Hydropumpe, 1 Strömungsrichtung, mit veränderlichem Verdrängungsvolumen		Druckbegrenzungsventil		Pedalbetätigung
	Hydropumpe, 2 Strömungsrichtungen, mit veränderlichem Verdrängungsvolumen		2-Wege-Druckregelventil (VDMA-Version)		Federbetätigung
	Hydromotor, 1 Strömungsrichtung, mit konstantem Verdrängungsvolumen		3-Wege-Druckregelventil (VDMA-Version)		einstellbare Rollenbetätigung
	Hydromotor, 2 Strömungsrichtungen, mit konstantem Verdrängungsvolumen		einstellbare Drossel		Tasterbetätigung
	Hydromotor, 1 Strömungsrichtung, mit veränderlichem Verdrängungsvolumen		Drosselrückschlagventil		Magnetbetätigung
	Hydromotor, 2 Strömungsrichtungen, mit veränderlichem Verdrängungsvolumen		2-Wege-Stomregelventil (VDMA-Version)		Kombinierte Betätigung durch Elektromagnet und Vorsteuer-Wegeventil
	Hydromotor mit begrenztem Drehwinkel		3-Wege-Stromregelventil (VDMA-Version)		belüfteter Behälter

8 Berechnung von Rohrleitungen

8.1 Strömung von Flüssigkeiten

Der Druckverlust (Leistungsverlust) in Rohrleitungen muß möglichst gering gehalten werden. Ein wichtiger Faktor dafür ist die Strömungsgeschwindigkeit der Flüssigkeit in der Leitung.
Liegt diese relativ niedrig, so strömt die Flüssigkeit wirbelfrei durch die Leitung, und der Druckverlust ist relativ klein. In diesem Fall spricht man von einer laminaren Strömung.
Bei höheren Geschwindigkeiten kommt es zu Turbulenzen (Wirbeln) in der Flüssigkeit, wodurch ein hoher Druckverlust auftritt. Dies wird mit turbulenter Strömung bezeichnet.

Von Reynolds, einem Wissenschaftler, stammt die Reynolds-Zahl Re, mit deren Hilfe festgestellt werden kann, ob eine Strömung in einer glatten geraden Rohrleitung laminar oder turbulent ist. Diese Zahl wird wie folgt berechnet:

$$Re = \frac{v \cdot d}{\upsilon} \; [-]$$

Darin sind:
v = Rohrströmungsgeschwindigkeit (m/s)
d = Rohrdurchmesser (m)
υ = kinematische Zähigkeit der Flüssigkeit (m²/s)

Ganz grob kann man davon ausgehen, daß bei $Re < 2300$ die Strömung laminar und bei $Re > 2300$ turbulent ist.

Beispiel:
$v = 12$ m/s
$d = 0{,}012$ m ($= 12$ mm)
$\upsilon = 46 \cdot 10^{-6}$ m²/s ($= 46$ cSt)
(cSt = Centistokes)

$$Re = \frac{12 \text{ m/s} \cdot 0{,}012 \text{ m}}{46 \cdot 10^{-6} \text{ m}^2\text{/s}} = 3130$$

Die Zahl Re ist größer als 2300, und folglich ist die Strömung turbulent.

Der Gesamtdruckverlust im Leitungssystem ist vom Rohrinnendurchmesser, der Strömungsgeschwindigkeit und -art, der Viskosität (Zähigkeit) der Flüssigkeit, der Anzahl und Form der Krümmungen, T-Stücke usw. abhängig.
Die Berechnung des Gesamtdruckverlusts ist recht aufwendig.

Für den Druckverlust in einer geraden Rohrleitung ist folgende Formel zu verwenden:

$$\Delta p = \lambda \frac{l \cdot \rho \cdot v^2}{2d} \; [\text{Pa}]$$

Darin sind:
v = Rohrströmungsgeschwindigkeit (m/s)
l = Rohrlänge (m)
d = Rohrinnendurchmesser (m)
ρ = Öldichte (kg/m³)
Δp = Druckverlust (Pa)
λ = Widerstandszahl der Rohrleitung (−)

Die Widerstandszahl λ geht aus Diagrammen hervor oder ist mit folgenden Formeln zu berechnen:

$$\lambda = \frac{64}{Re} \quad \text{für laminare Strömung}$$

$$\lambda = \frac{0{,}316}{\sqrt[4]{Re}} \quad \text{für turbulente Strömung}$$

Beispiel:
Rohrlänge $l = 20$ m
Rohrinnendurchmesser
$d = 0{,}012$ m ($= 12$ mm)
Rohrströmungsgeschwindigkeit
$v = 4$ m/s

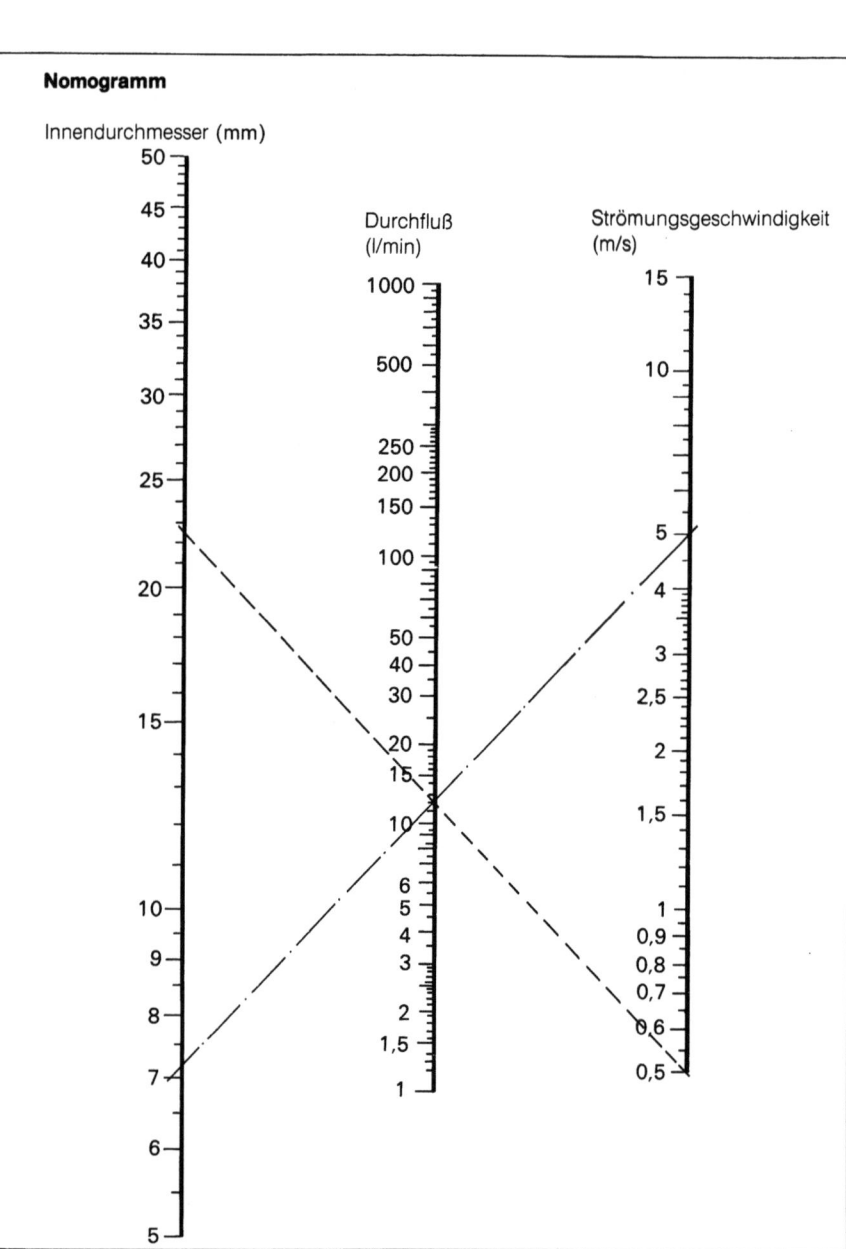

Bild 8-1

Berechnung von Rohrleitungen

kinematische Zähigkeit
$\upsilon = 46 \cdot 10^{-6}$ m²/s
Öldichte $\rho = 900$ kg/m³

Zu berechnen ist der Gesamtdruckverlust über diese Leitung.

$$Re = \frac{v \cdot d}{\upsilon} = \frac{4 \text{ m/s} \cdot 0{,}012 \text{ m}}{46 \cdot 10^{-6} \text{ m}^2/\text{s}} = 1043$$

Damit ist die Strömung laminar.

$$\lambda = \frac{64}{Re} = \frac{64}{1043} = 0{,}0614$$

$$\Delta p = \lambda \frac{l \cdot \rho \cdot v_2}{2 \cdot d}$$

$$= 0{,}0614 \cdot \frac{20 \text{ m} \cdot 900 \text{ kg/m}^3 \cdot 4^2 \text{ m}^2/\text{s}^2}{2 \cdot 0{,}012 \text{ m}}$$

$$= 736\,800 \text{ Pa} = 0{,}74 \text{ MPa} (= 7{,}4 \text{ bar})$$

Wenn der zulässige Druckverlust feststeht, können die Abmessungen der Rohrleitungen bestimmt werden.
In der Praxis werden die Abmessungen zumeist auf der Grundlage einer zulässigen Rohrströmungsgeschwindigkeit festgestellt.
Für die verschiedenen Rohrleitungen werden die folgenden Strömungsgeschwindigkeiten empfohlen:
– Saugleitung: 0,5 bis 1 m/s
– Rücklaufleitung: 1,5 bis 4 m/s
– Druckleitung: abhängig vom Druck
– bis 2,5 MPa (= 25 bar): 2,5 bis 3 m/s
  2,5 bis 5 MPa (= 50 bar): 3,5 bis 4 m/s
  5 bis 10 MPa (= 100 bar): 4,5 bis 5 m/s
  10 bis 20 MPa (= 200 bar): 5 bis 6 m/s
  über 20 MPa (= 200 bar):   über 6 m/s

Beispiel:
Eine Pumpe saugt $q_v = 2 \cdot 10^{-4}$ m³/s (= 12 l/min) an.
Zu bestimmen ist der Rohrinnendurchmesser
a. der Saugleitung und
b. der Druckleitung, wenn der Arbeitsdruck 12 MPa (= 120 bar) beträgt.

a. **Saugleitung**

$$q_v = \frac{V}{t} = \frac{A \cdot s}{t} = A \cdot v \Rightarrow$$

$(v = 0{,}5$ m/s$)$

$$A = \frac{q_v}{v} = \frac{2 \cdot 10^{-4} \text{ m}^3/\text{s}}{0{,}5 \text{ m/s}}$$

$$= 4 \cdot 10^{-4} \text{ m}^2$$

$$\frac{\pi}{4} d^2 = 4 \cdot 10^{-4} \text{ m}^2 \Rightarrow$$

Außen-durchmesser in mm	Wanddicke in mm							
	1	1,5	2	2,5	3	3,5	4	4,5
10	17,5	30,0	46,5	70,0				
12	14,0	23,5	35,0	50,0	70,0			
14	13,0	21,5	31,5	41,0	56,0			
16	11,0	18,0	26,0	34,0	45,0			
18	10,0	16,0	22,5	28,5	37,0	47,0	60,0	
20	8,5	14,0	20,0	25,0	32,0	40,0	50,0	74,5
22	8,0	12,5	17,5	22,0	28,0	35,0	42,5	62,0
25	7,0	10,5	15,0	19,0	23,5	29,0	35,0	50,0

Bild 8-2: Tabelle zur Bestimmung des Rohrdurchmessers (Druck in MPa)

$$d = \sqrt{\frac{4}{\pi} 4 \cdot 10^{-4} \text{ m}^2} = 22{,}6 \cdot 10^{-3} \text{ m}$$

$$= 22{,}6 \text{ mm}$$

b. **Druckleitung**: ($v = 5$ m/s)

$$A = \frac{q_v}{v} = \frac{2 \cdot 10^{-4} \text{ m}^3/\text{s}}{5 \text{ m/s}}$$

$$= 4 \cdot 10^{-5} \text{ m}^2 \Rightarrow$$

$$d = \sqrt{\frac{4}{\pi} 4 \cdot 10^{-5} \text{ m}^2}$$

$$= 7{,}1 \cdot 10^{-3} \text{ m} = 7{,}1 \text{ mm}$$

Der Rohrinnendurchmesser kann auch anhand eines Nomogramms bestimmt werden (Bild 8-1).
Wenn der Rohrinnendurchmesser bekannt ist, läßt sich die Wanddicke ermitteln. Diese richtet sich nach dem maximalen Arbeitsdruck der Anlage. Bild 8-2 zeigt eine Tabelle der zulässigen Rohrdrücke für nahtlose Präzisionsrohre aus Stahl.
So kann z. B. bei einem Innendurchmesser von 12 mm und einem maximalen Druck von 12 MPa (= 120 bar) ein Rohr mit den Abmessungen 14 · 1 oder 16 · 1,5 eingesetzt werden.
Auf diese Weise lassen sich auch die Abmessungen von Schläuchen bestimmen.

9 Regelungen von Hydropumpen und -motoren

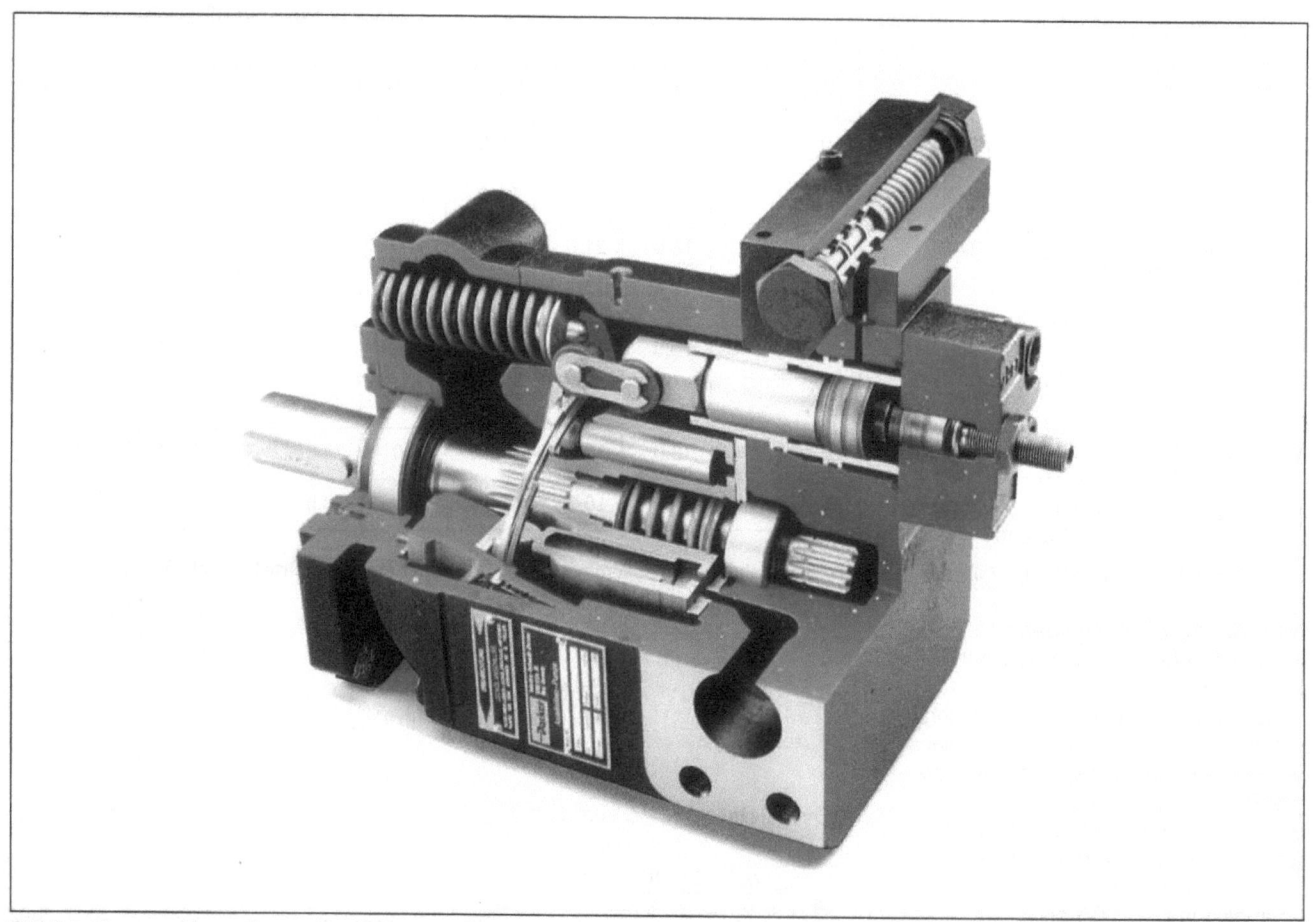

Bild 9-1: Pumpe mit regelbarem Verdrängungsvolumen

9.1 Einleitung

Häufig sind einfache hydraulische Antriebe mit Hydropumpen und -motoren ausgerüstet, deren Verdrängungsvolumen konstant ist.

Die Pumpenförderung ist bei konstanter Antriebsdrehzahl konstant: zur Regelung des Förderstroms zu den Verbrauchern dienen Drosseln und Stromregelventile, durch die – wie im Kapitel 6 behandelt – viel Energie dadurch verloren geht, daß sie in Wärme umgewandelt wird.

Vor allem in Anlagen mit größerer Leistung ist diese Regelung recht unrentabel. Außerdem sollte aus Gründen der Energieeinsparung eine energiefreundliche Regelung angestrebt werden, z. B. eine Regelung, bei der sich die Pumpenförderung dem Anlagenbedarf anpaßt.

9.2 Druckgeregelte Pumpe

Bei dieser Art der Regelung wird der Druck nach der Pumpe auf einem zuvor eingestellten Wert konstant gehalten.

Die Pumpenförderung paßt sich dem Bedarf der Anlage an.

Bild 9-2 läßt ein Beispiel für eine solche Anlage erkennen.

Das 2-Wege-Stromregelventil ist auf einen bestimmten Wert eingestellt (q_{v_1}).

Der Druckregler, in diesem Schema als 3/2-Wegeventil mit veränderlichem Öffnungsquerschnitt dargestellt, bestimmt den Druck p_1. Der Druck p_2 ist von der auf den Zylinder wirkenden Last abhängig.

Aus der Graphik neben dem Schema geht hervor, daß der Gesamtverlust bei dieser Regelung $P = (p_1 - p_2) \cdot q_{v_1}$ (also die Fläche des rechten Quadrats) beträgt.

Indem man den Druck p_1 so niedrig wie möglich einstellt, was in der Praxis nicht immer möglich ist, wird der Verlust minimiert.

Die Regelung des Verdrängungsvolumens der Pumpe ist im Bild nur sehr schematisch wiedergegeben. Die Arbeitsweise ist wie folgt:

Die Feder des Druckreglers ist auf einen bestimmten Druck eingestellt. Liegt der Druck p_1 unter dem eingestellten Federdruck, dann verbleibt der Druckregler in der gezeichneten Position.

Sowohl an der linken als auch an der rechten Kolbenfläche des Reglers steht dann der Pumpendruck p_1 an. Durch die Flächendifferenz im Regler wird das Verdrängungsvolumen der Pumpe vergrößert.

Bei Erreichen des eingestellten Drucks verkleinert der Druckregler den Durchlaß zur linken Reglerfläche, wodurch ein Druckgefälle über dem Regler entsteht und die Pumpe das erreichte Verdrängungsvolumen beibehält. Bei jeder Änderung des Drucks p_1 wird das Gleichgewicht gestört und das Verdrängungsvolumen solange verstellt, bis erneut ein Gleichgewicht hergestellt ist. Der Druckregler arbeitet nicht als „Auf-Zu-Ventil", sondern hat einen stetig veränderlichen Durchlaß, d. h. es gibt praktisch unendlich viele Zwischenstellungen.

Anmerkung: Das 2-Wege-Stromregelventil kann z. B. durch einen 4/3-Wegeventil ersetzt werden, durch dessen überschneidende Betätigung die Pumpenförderung

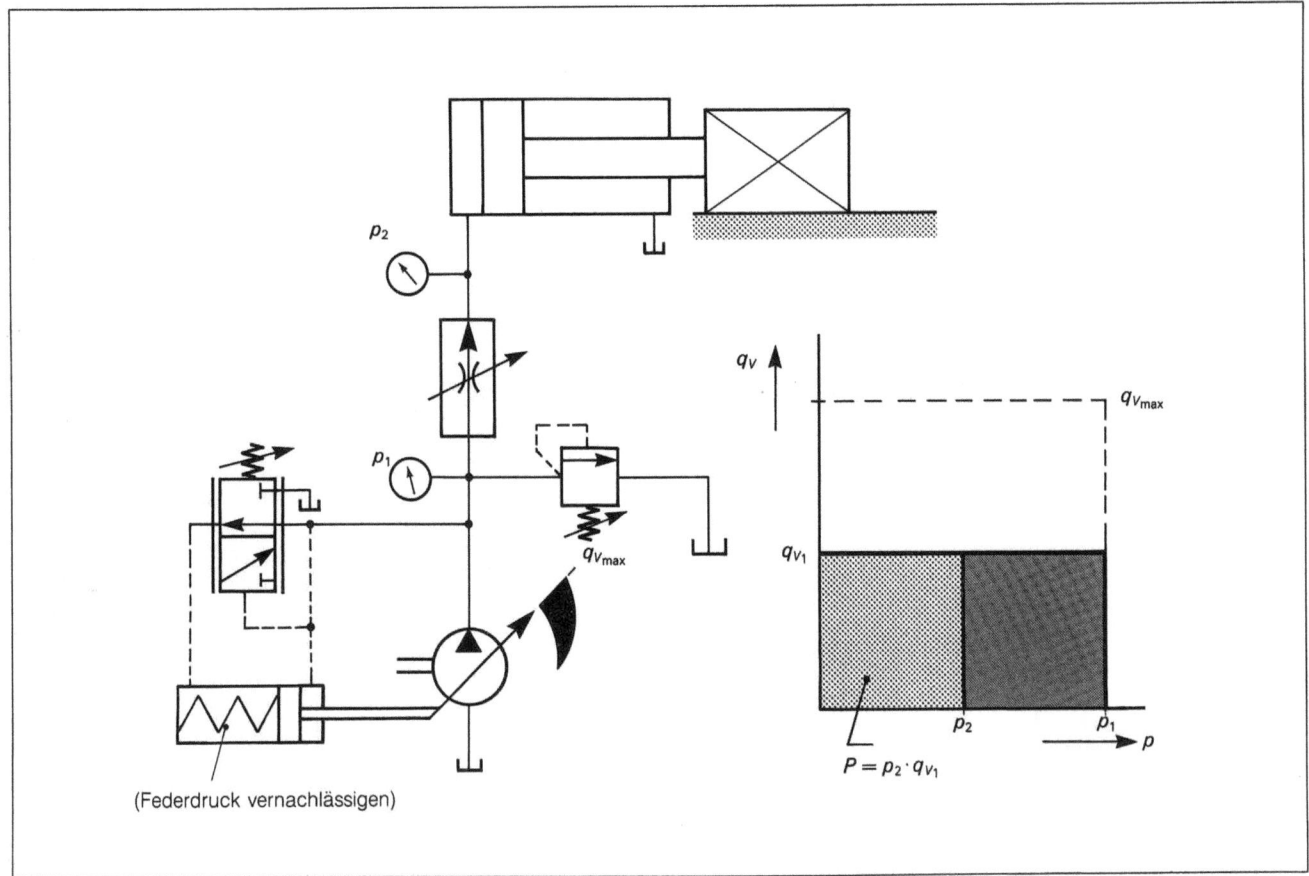

Bild 9-2: Druckgeregelte Pumpe

geregelt und damit gegenüber einer Anlage mit ungeregelter Pumpe weniger in Wärme umsetzt.

9.3 Konstantleistungsregelung

Bei dieser Art der Regelung wird von der Pumpe eine konstante hydraulische Leistung abgegeben, natürlich innerhalb eines bestimmten Regelbereichs. Die Formel für die hydraulische Leistung lautet $P = p \cdot q_v$, d.h. wenn der Druck (der Widerstand in der Anlage) größer wird, nimmt der Ölstrom proportional ab und umgekehrt. Folglich paßt sich die Geschwindigkeit eines Zylinders oder Hydromotors der Last an. Dabei wird die installierte Antriebsleistung optimal ausgenutzt. Diese Regelung trifft man z. B. in Baggern an. Wenn der Baggerlöffel in Richtung Erdboden bewegt wird (geringe Last, geringer Druck), liefert die Pumpe einen großen Förderstrom und die Arbeitsbewegung verläuft schnell (Zeitgewinn).

Berührt der Baggerlöffel den Boden, so nimmt der Widerstand (der Druck) zu, und

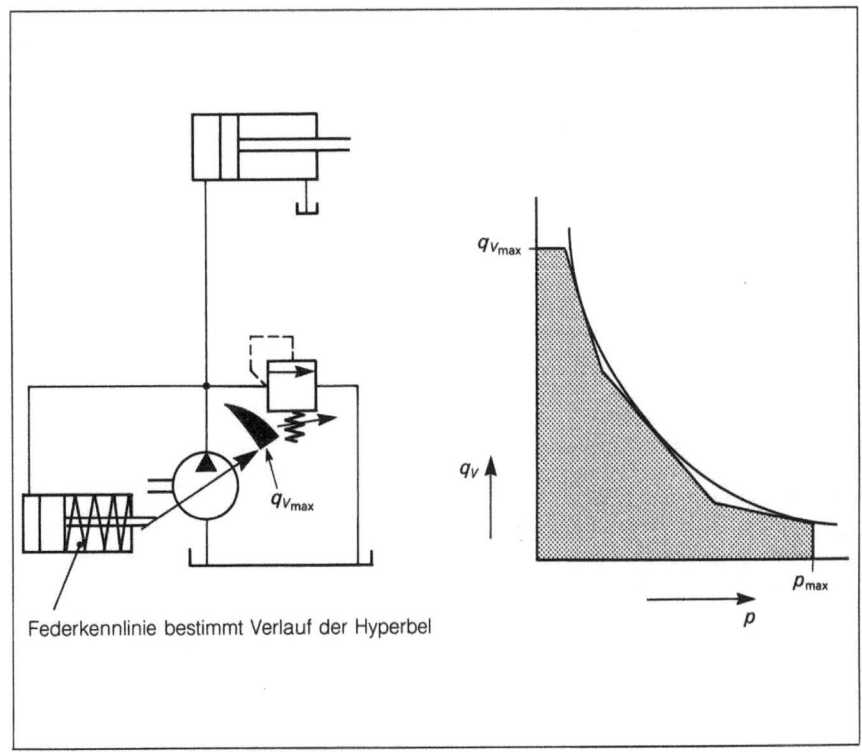

Bild 9-3: Konstantleistungsregelung

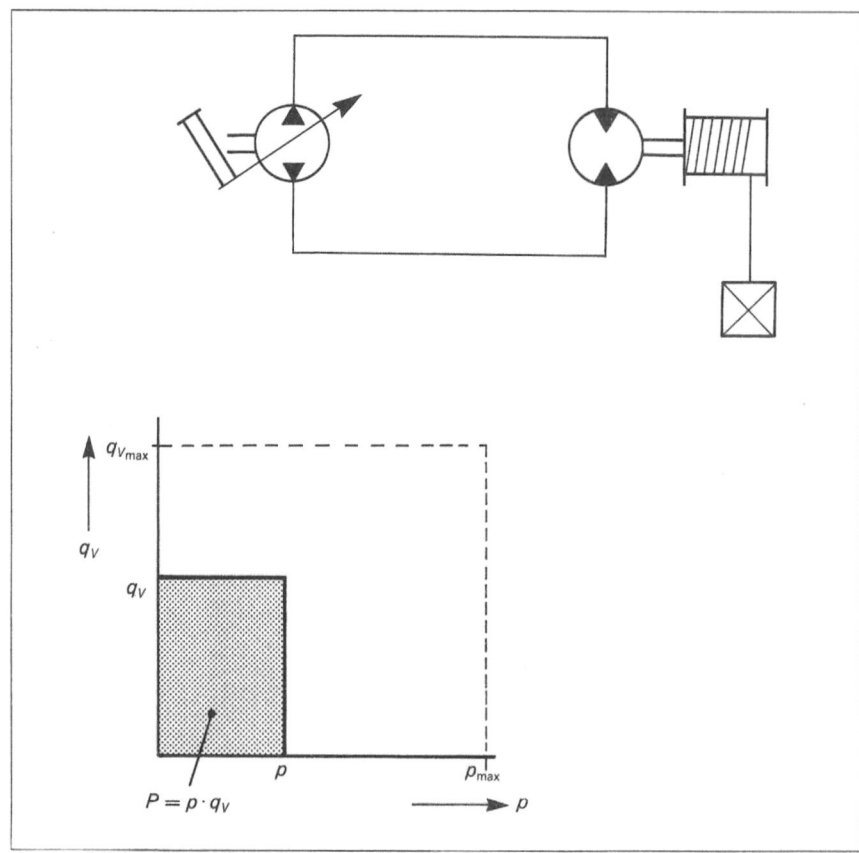

Bild 9-4: Geschlossenes System mit direkter Pumpenverstellung

der Pumpenförderstrom wird verringert (große Kraft, niedrige Geschwindigkeit).

In Bild 9-3 sind Schema und Regelkurve der Konstantleistungsregelung dargestellt. Infolge der Federkennlinie verläuft die Kurve etwas „kantig", doch durch Einsatz mehrerer Federn kommt man der Hyperbel in Bild 9-3 recht nahe.

9.4 Direkte Pumpenverstellung

Wenn das Verdrängungsvolumen der Pumpe direkt dem Bedarf des Verbrauchers angepaßt wird, erhält man eine sehr wirtschaftliche Regelung.
Die Verstellung des Verdrängungsvolumens erfolgt manuell, hydraulisch oder elektrisch, mit oder ohne Regelsystem.
Häufig findet sich diese Regelung in geschlossenen Systemen hydrostatischer Fahr- und Windentrommelantriebe.
Vom Bediener wird die Fahr- und Aufzugsgeschwindigkeit dadurch geregelt, daß er die Pumpe auf den Sollwert des Verdrängungsvolumens einstellt.

9.5 Load-Sensing-System

Eine Regelung, bei der die Pumpe automatisch fördert, was vom Verbraucher benötigt wird, ist das sogenannte Load-Sensing-System (LS-System).
Diese sehr wirtschaftliche Regelung wird vornehmlich in der Mobilhydraulik (Bodenbewegungsmaschinen, Krane usw.) zunehmend eingesetzt, vor allem in Kombination mit der Proportionalhydraulik (Kapitel 10).
Bild 9-6 veranschaulicht ein Schema eines vollständigen Systems mit LS-Regelung. Die Hydromotoren I und II werden von je einem 4/3-Proportionalventil betätigt. Diese Ventile sind mit speziellen Anschlüssen zum Abgriff des Lastdrucks versehen (daher der Begriff Load-Sensing-System). Bei Betätigung von Ventil 1 liegt der Verbraucherdruck von Hydromotor 1 über den LS-Anschluß am Wechselventil 3 und nach dem Wechselventil am Pumpenregler 7 an.
Bei Betätigung beider Ventile liegt der höchste der beiden Drücke über das Wechselventil am Pumpenregler 7 an. Die beiden Druckregler 4 und 5 sorgen dafür, daß der Druckabfall Δp_s über den Wegeventilen konstant bleibt (0,8 MPa = 8 bar). Damit ist der Ölstrom zu den Hydromotoren lastunabhängig und wird lediglich von der Öffnung des jeweiligen Wegeventils bestimmt (d. h. er ist proportional zum Verschiebeweg des Betätigungshebels).
Der Verbraucherdruck steht über den LS-Anschluß an der Federseite des Druckreglers (dargestellt als 3/3-Wegeventil) an. An der rechten Seite des Reglers liegt der Pumpendruck p_1 an.
Damit besteht folgendes Gleichgewicht:
$p_1 = p_{LS} + p_F$.

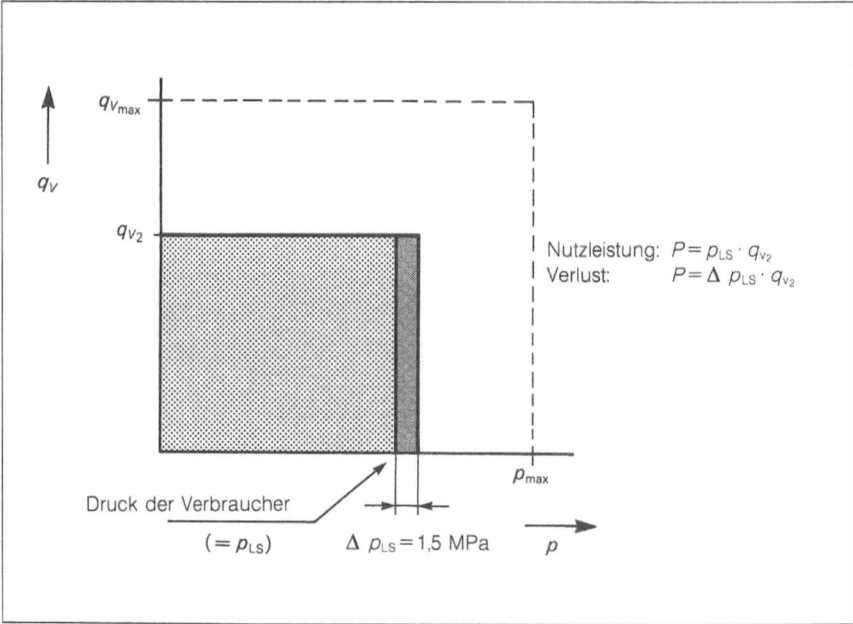

Bild 9-5: Leistungsdiagramm des Load-Sensing-Systems

Regelungen von Hydropumpen und -motoren

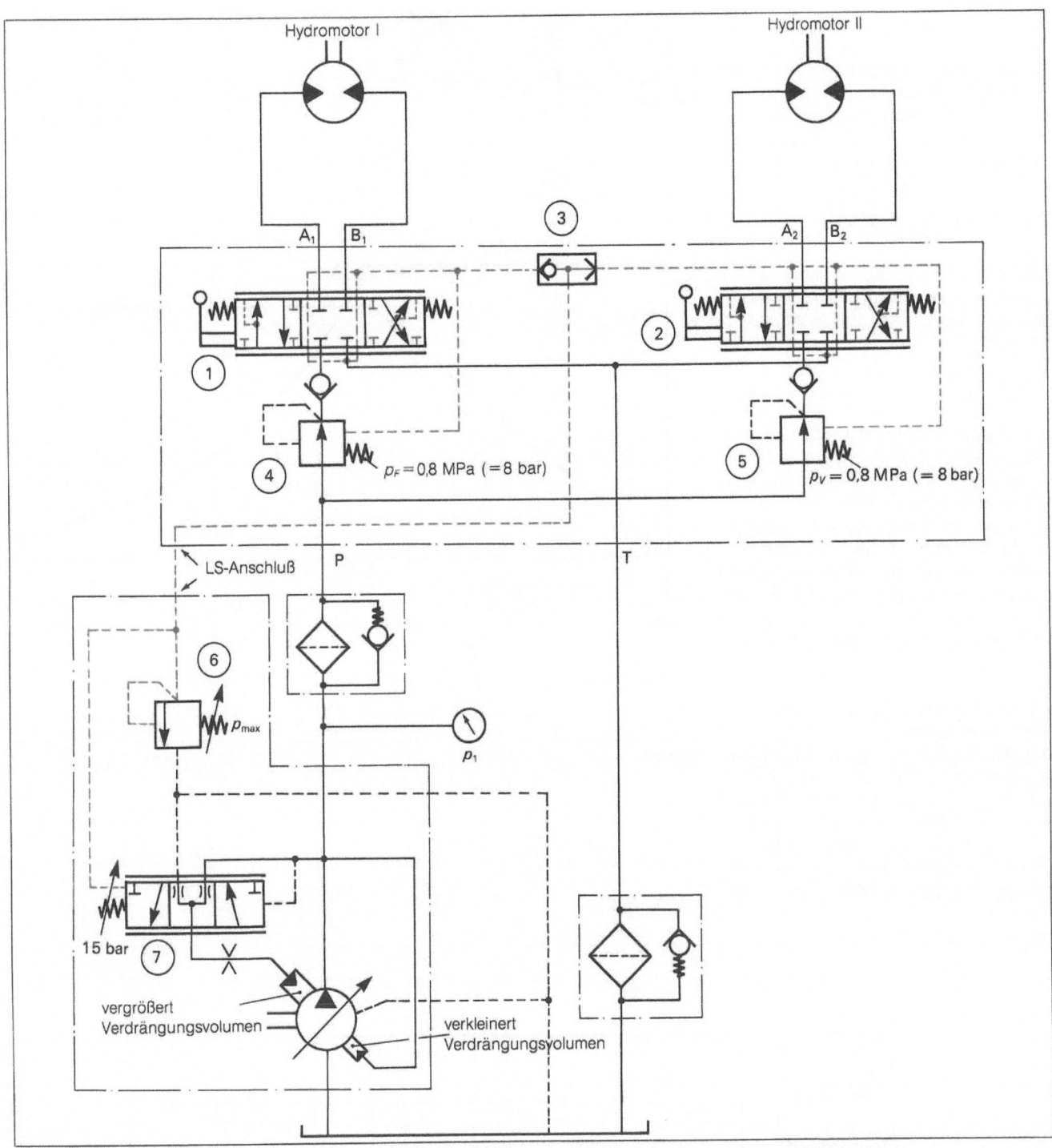

Bild 9-6

Vom Pumpenregler wird das Verdrängungsvolumen solange verstellt, bis das Gleichgewicht hergestellt ist: die Pumpe liefert dann genau den *erforderlichen* Förderstrom gegen einen Druck, der 1,5 MPa (= 15 bar) höher liegt als der Verbraucherdruck.

Diese 1,5 MPa gehen in den Druckreglern (4 und 5) und den 4/3-Wegeventilen (1 und 2) verloren.

In der in Bild 9-6 dargestellten Situation ist die Pumpenförderung minimal (nur die inneren Leckverluste werden ausgeglichen). Wenn einer oder beide Hydromotoren arbeiten, befindet sich der Regler in dem bereits oben beschriebenen Gleichgewicht $p_1 = p_{LS} + p_F$. Wenn keines der beiden 4/3-Wegeventile (1 und 2) betätigt ist, ist der Druck $p_{LS} = 0$. Dadurch wird die Pumpe so geregelt, daß sie einen Druck p_1 aufrecht erhält, der gleich p_F ist und der ungefähr 1,5 Mpa (= 15bar) beträgt. Man bezeichnet ihn als Druck im Bereitschafts- oder Stand-By-Betrieb.

Das Druckregelventil 6 bestimmt den maximalen Systemdruck, der natürlich einstellbar ist.

Die Drehzahl des Hydromotors wird durch Verstellen des Verdrängungsvolumens geregelt. Freilich ist die Regelung und ihre Ausführung in Wirklichkeit wesentlich komplexer als hier dargestellt.

9.6 Motorregelung

Bei den bisher behandelten Arten der Regelung handelte es sich um sogenannte Primärregelungen. Damit ist gemeint, daß z. B. die Drehzahl eines Hydromotors über den zuzuführenden Ölstrom geregelt wird:

$(n = \dfrac{q_{v\,an,\,M} \cdot \eta_v}{V_M}$

Natürlich ist es ebenso möglich, einen konstanten Ölstrom zuzuführen und das Verdrängungsvolumen des Hydromotors zu regeln:

$(n = \dfrac{q_{v\,an,\,M} \cdot \eta_v}{\mathbf{V_M}}$

Als Beispiel dafür zeigt Bild 9-7 ein geschlossenes System, in dem die Verdrängungsvolumina von Pumpe und Hydromotor regelbar sind.

Im Diagramm ist der Verlauf der maximalen Motorleistung P und des Drehmoments M ausgehend davon dargestellt, daß zunächst das Verdrängungsvolumen der Pumpe vergrößert und danach das Verdrängungsvolumen des Motors verkleinert wird.

In Bild 9-8 ist eine sogenannte Sekundärregelung dargestellt.
Hauptsächlich in der Industrie wird diese Art der Regelung bereits angewendet.
Das Prinzip dabei besteht darin, daß das Rohrleitungssystem über eine Pumpen-Druckspeicher-Einheit unter Druck gehalten wird (vergleichbar mit einer Druckluftanlage, die in vielen Betrieben vorhanden ist).

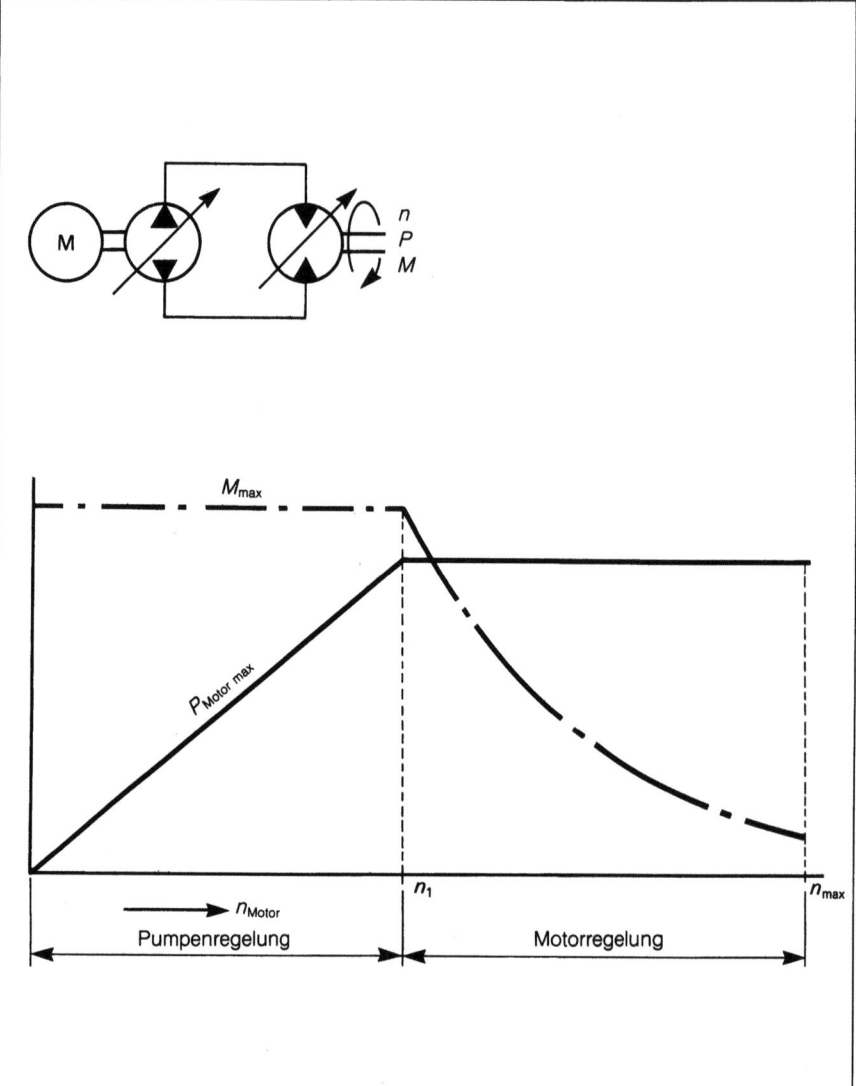

Bild 9-7

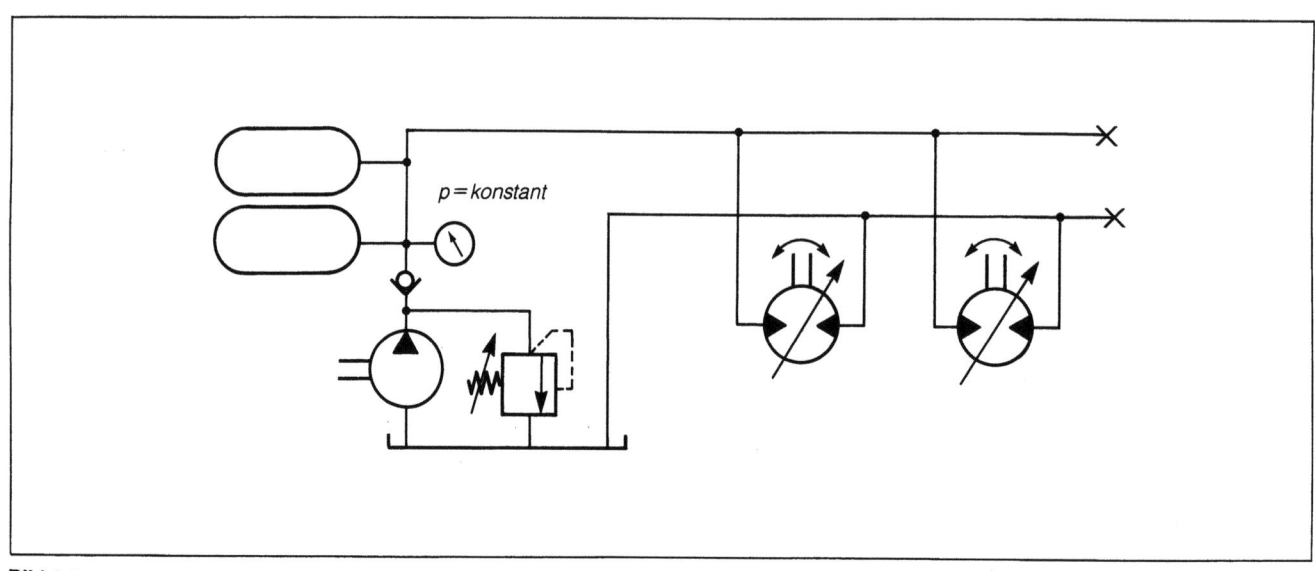

Bild 9-8

10 Einführung in die Proportional- und Servohydraulik

10.1 Proportionalhydraulik

Die bisher diskutierten Systeme gehören fast ausschließlich zur sogenannten „Schwarz-Weiß-Hydraulik".
Mit diesem Begriff soll ausgedrückt werden, daß die Wegeventile entweder betätigt oder nicht betätigt sind. Das Wegeventil beeinflußt also nur die *Strömungsrichtung* des Öls und nicht den Volumenstrom.

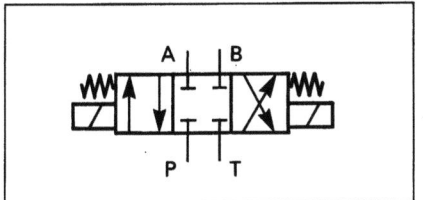

Bild 10-1

Beispiel:
Das elektrisch betätigte 4/3-Wegeventil in Bild 10-1 befindet sich entweder in der linken, in der rechten oder in der Mittelstellung. Es kann nicht „teilweise" betätigt werden, um so den Ölstrom zu beeinflussen.
Bei handbetätigten Ventilen, z. B. an Autoladekranen, sind jedoch viele Zwischenstellungen möglich. Indem der Betätigungshebel etwas verschoben wird, läßt das Wegeventil eine entsprechende (proportionale) Ölmenge durch, womit die Last sehr genau positioniert werden kann.

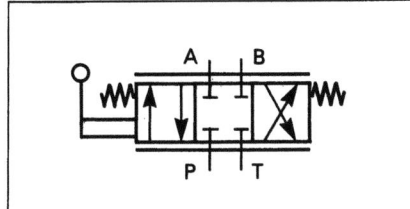

Bild 10-2

Bild 10-2 zeigt das Symbol für ein solches Wegeventil. Die beiden Linien parallel zum Ventilsymbol kennzeichnen, daß sein Durchlaß variabel ist.
In der Praxis werden am Symbol für *handbetätigte* Wegeventile diese Linien oft (fälschlicherweise) weggelassen.

Auch bei elektrischen Ventilen (Bild 10-3) ist eine solche Betätigung möglich. Mit einem Signal wird sowohl die Richtung als auch die Größe des Ölstroms gesteuert. Im praktischen Einsatz begegnet man diesen Ventilventilen sehr häufig, und ihr Anwendungsgebiet breitet sich schnell aus.

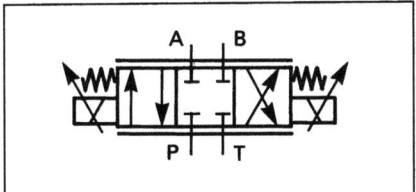

Bild 10-3

Als Beispiel dafür wollen wir einen hydraulisch angetriebenen Bagger betrachten. In der Kabine betätigt der Baggerführer einen Steuerhebel. Von diesem Steuerhebel geht ein zum Maß der Betätigung proportionales Signal zur elektronischen Verarbeitungseinheit.
Über die Elektronik werden die verschiedenen Wegeventile betätigt, wobei das Maß der Betätigung proportional zur Stärke des Stroms durch die speziellen Betätigungsspulen ist. Diese variable Stromstärke sorgt für eine variable Kraft im Ventil. Durch die Kraft wird das Wegeventil solange verschoben, bis ein Gleichgewicht mit der auf das Ventil wirkenden Federkraft hergestellt ist.

Außer proportionalen Wegeventilen gibt es auch proportionale Überdruckventile, Druckminderventile, Stromregelventile usw.

So läßt sich z. B. bei einem proportionalen Überdruckventil der zulässige oder Soll-Anlagendruck mit einem einfachen Potentiometer (regelbarem Widerstand) stufenlos einstellen.

Beispiel:
Die Bewegungsrichtung und -geschwindigkeit des Zylinders in Bild 10-4 wird mit einem 4/3-Proportionalventil geregelt.
Beim Aus- und Einfahren muß die Zylindergeschwindigkeit den im Diagramm dargestellten Verlauf haben. Die Ge-

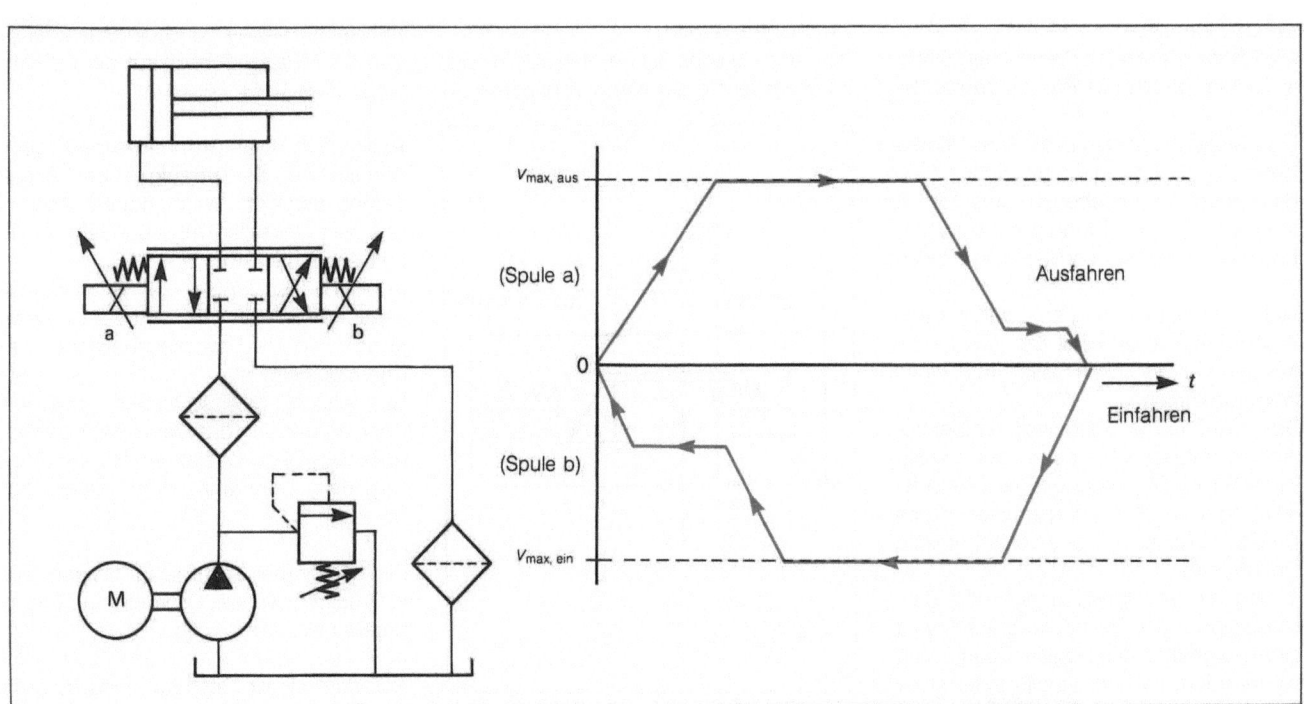

Bild 10-4

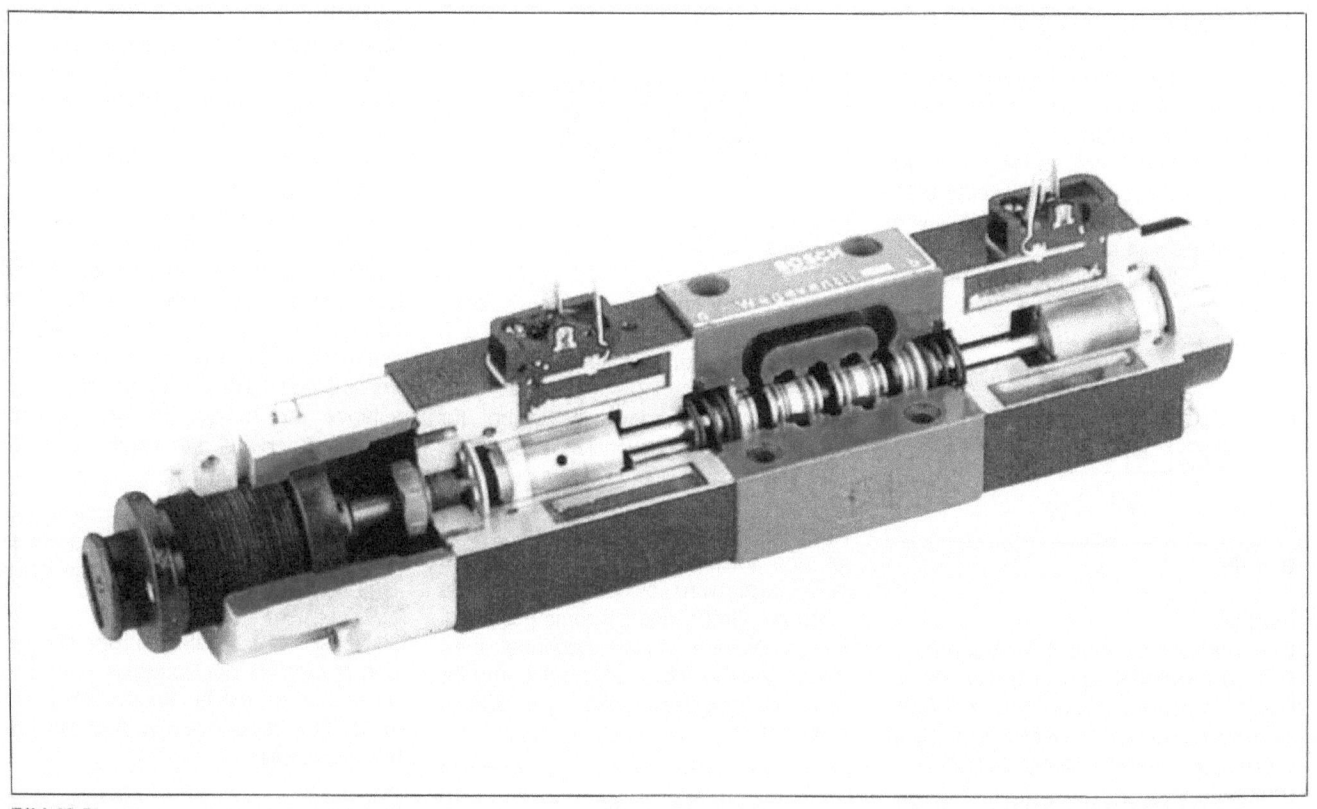

Bild 10-5

schwindigkeit des Zylinders wird langsam gesteigert, er bewegt sich kurzzeitig mit maximaler Geschwindigkeit, wird vor dem Hubende abgebremst und kommt schließlich zum Stillstand.
Beim Einfahrhub verläuft die Bewegung nahezu identisch.
Die Elektronik erzeugt die richtigen Signale für die Spulen des Proportionalventils.

Überwiegend findet man die Proportionalhydraulik in Anwendungsbereichen wie dem zuvor beschriebenen, also für die langsame Geschwindigkeitserhöhung und das Abbremsen von Maschinenteilen.

Bild 10-5 zeigt einen Schnitt durch einen Proportional-Wegeventil. Der zusätzliche Anschluß an der linken Seite enthält einen Wegaufnehmer.
Dieser Aufnehmer übermittelt der Elektronik die tatsächliche Lage des Ventils.
Damit haben Störungen wie mechanische Reibung oder Strömungsdrücke, durch die das Ventil seine Lage verläßt, keinen Einfluß mehr.
Stimmt die Ventilposition nicht mit dem Steuersignal der Elektronik überein, wird dieses Signal zu den Spulen automatisch so geändert, daß der Ventil wieder seine Sollage einnimmt.

Infolge der Drosselwirkung von Proportionalventilen entsteht über dem Ventil ein Druckgefälle Δ p.

Der Volumenstrom durch das Ventil hängt außer von der Ventilöffnung von diesem Druckabfall Δ p ab.
Von den verschiedenen Herstellern wird für Wegeventile ein Nenn-Volumenstrom bei einem Nenn-Druckgefälle Δ p von 0,5 MPa angegeben.
Im allgemeinen geht man bei diesem Nennstrom von einem Druckgefälle Δ p von insgesamt 1 MPa (= 10 bar) aus, also ein Druckgefälle von 0,5 MPa (=5 bar) auf dem „Hinweg" und ein Druckgefälle von 0,5 MPa (=5 bar) auf dem „Rückweg" (Bild 10-6).

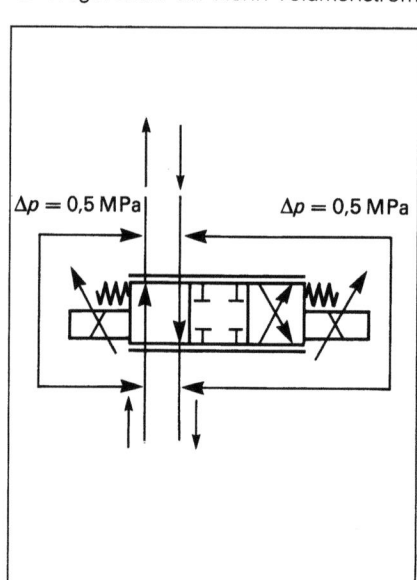

Bild 10-6: $\Delta\ p_{ges}$ = 1 MPa

Aus konstruktiven Gründen ist bei Proportionalventilen die Genauigkeit der Lageregelung begrenzt. Wenn höhere Ansprüche gestellt werden, muß auf Servoventile zurückgegriffen werden.
In der Ruhestellung zeigen Proportionalventil nämlich oft eine positive Überdeckung. Bild 10-7 veranschaulicht, was damit gemeint ist.
Es entsteht gewissermaßen eine tote Zone, in der sich das Ventil zwar bewegt, aber kein Öl durch das Ventil fließt. Auch aus dem Diagramm geht diese Zone hervor.

Bild 10-8 enthält Symbole für proportionale Druckregelventile, Drosseln und Stromregelventile.

Aus dem bisher Gesagten wird deutlich, daß in der Proportional- wie auch in der

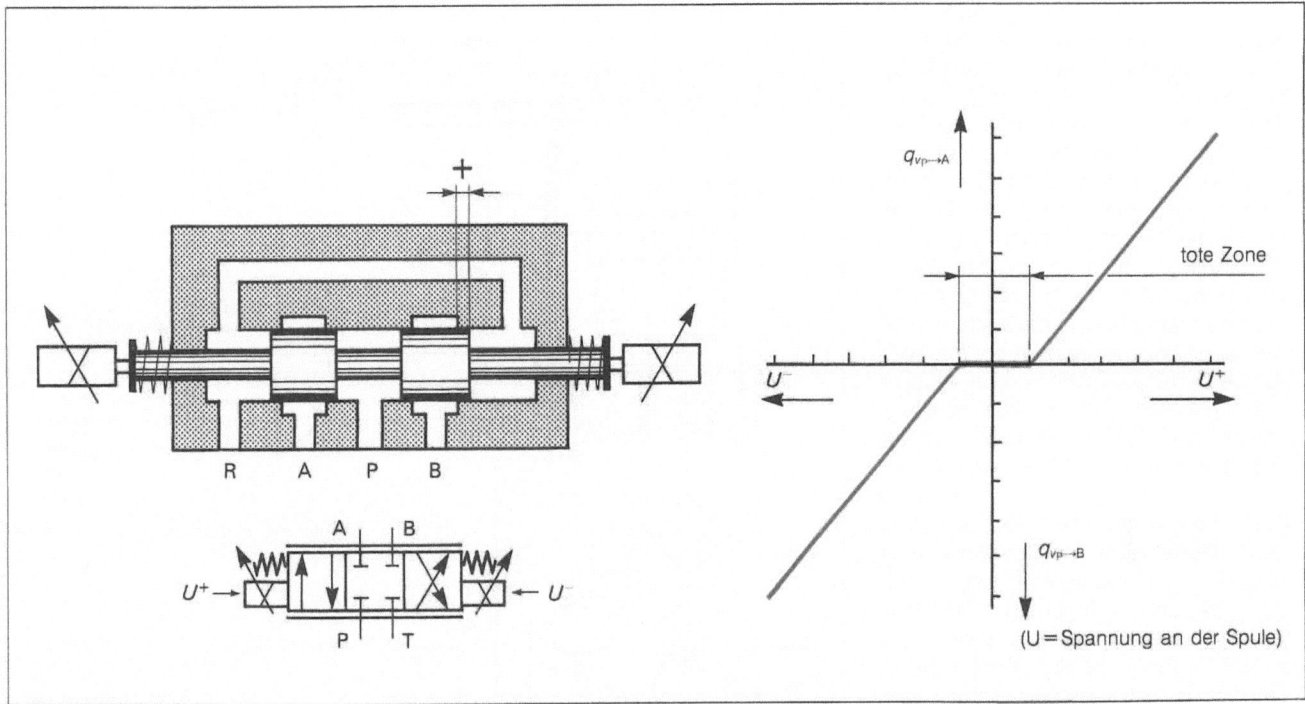

Bild 10-7

Servohydraulik außer gründlichen Kenntnissen der Hydraulik auch elektronisches Fachwissen gefragt ist. Elektronische Bauelemente zu behandeln ginge aber über den Rahmen dieses Lehrgangs hinaus.

10.2 Servohydraulik

Bei Servoventilen handelt es sich im Prinzip um extrem genau gefertigte Proportionalventile, durch die große hydraulische Leistungen mit Eingangssignalen niedriger Leistung (einige Milliwatt) angesteuert werden können.

Auch die Schaltgeschwindigkeit von Servoventilen ist groß: 5 bis 10 ms gegenüber 40 bis 60 ms bei Proportionalventilen. Proportionalventile erfüllen eine Steuerungsfunktion: bei einem Zylinder wird z. B. nicht kontrolliert, ob die Sollgeschwindigkeit oder -lage tatsächlich erreicht wird.

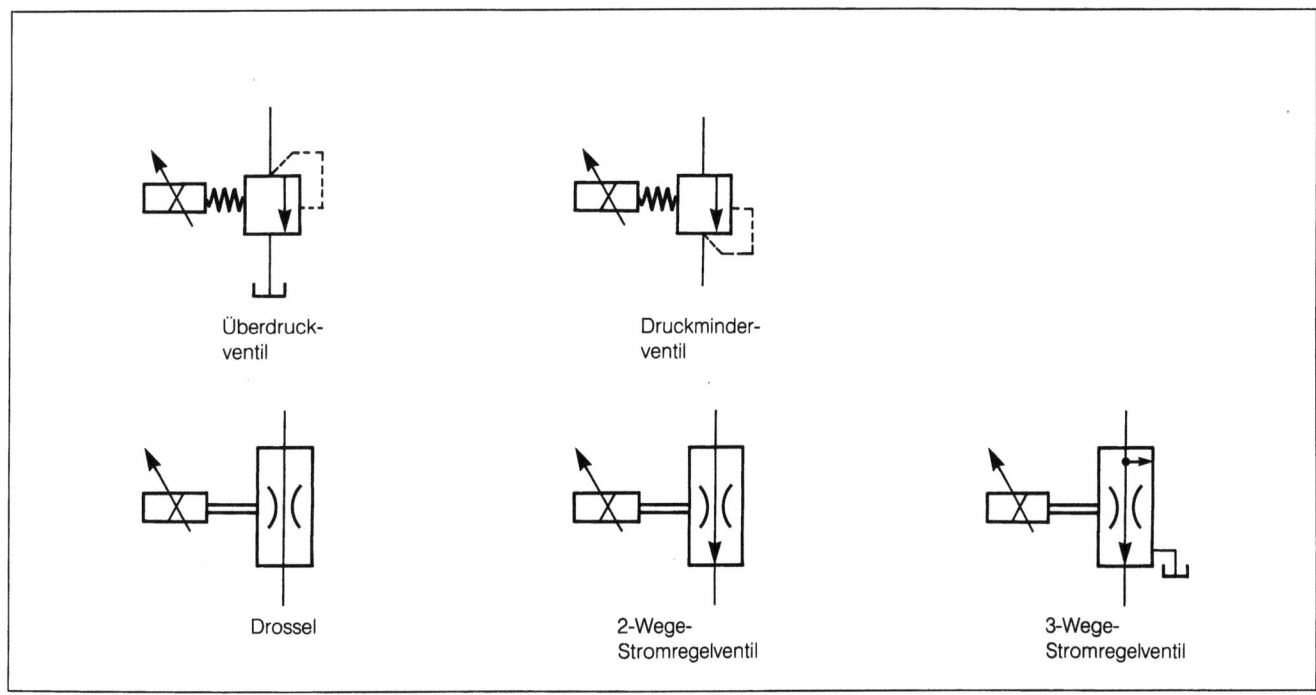

Bild 10-8

Servoventile sind meist Teil eines geschlossenen Regelkreises (Bild 10-9).
Auf dem Zylinder befindet sich ein Lageaufnehmer.
Stimmt die gemessene Lage nicht mit der am Regler eingestellten Lage überein, dann wird über die Elektronik das Servoventil angesteuert, womit der Zylinder wieder die Sollage einnimmt.
Besonders hoch ist die Geschwindigkeit und Genauigkeit, mit der das geschieht. Daher werden Servoventile auch in Anlagen eingesetzt, wo hohe Anforderungen an die Geschwindigkeit und Genauigkeit gestellt werden. Dazu gehören Flugzeugsteuerungen, Flug- und Fahrsimulatoren, Roboterantriebe, Positioniersysteme usw.

Die hohe Reaktionsgeschwindigkeit und große Genauigkeit von Servoventilen ist u. a. das Ergebnis einer exakten Fertigung, bei der die sogenannte Nullüberlappung eine wichtige Rolle spielt.
In Bild 10-10 findet sich die Erklärung dafür.

Für die zu erzielende Genauigkeit ist auch der hohe Nennwert für Δp von 7 MPa (= 70 bar) entscheidend.
Mit diesem hohen Wert Δp geht gleichzei-

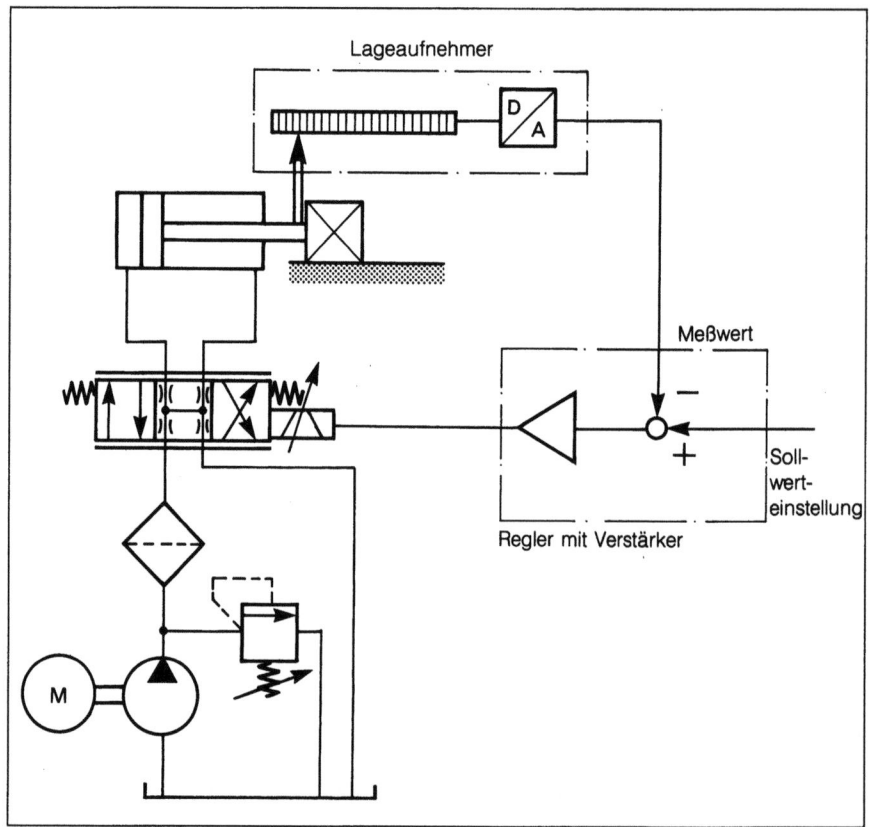

Bild 10-9

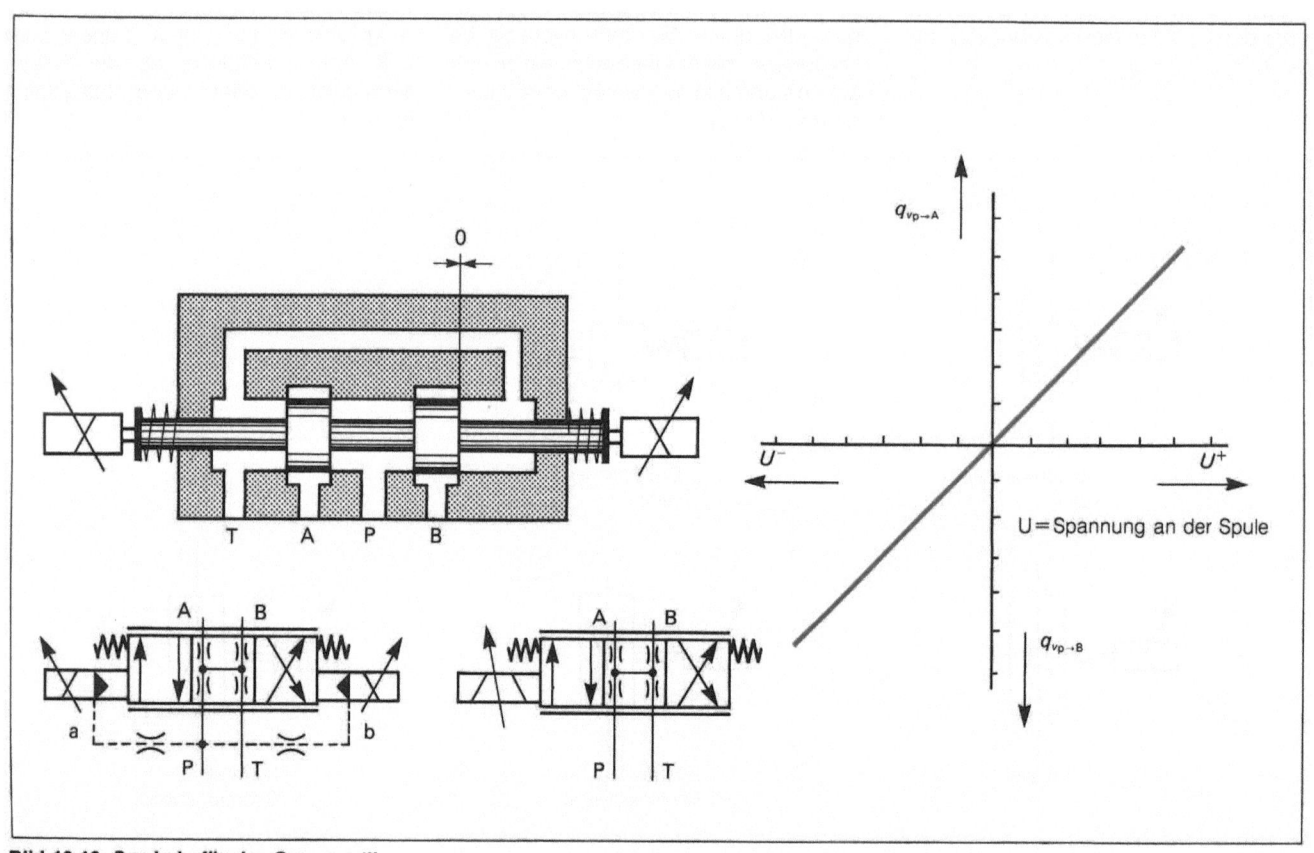

Bild 10-10: Symbole für das Servoventil

Größen und Einheiten

tig eine relativ starke Wärmeentwicklung beim Einsatz von Servoventilen einher. Servoventile werden oft am Hydrozylinder oder -motor angebaut. Dadurch ist zwischen dem Ventil und dem Kolben des Zylinders ein minimales Ölvolumen vorhanden, und die „Federsteifigkeit" der Ölsäule ist groß, was der Reaktionsgeschwindigkeit zugute kommt.

In der Servotechnik spielt nämlich die Kompressibilität des Öls eine große Rolle. Ein großes Ölvolumen zwischen Ventil und Zylinder macht das System „schlaff", die Steifigkeit nimmt ab und die Anlage reagiert dadurch träge.

Aus diesem Grund kommen Schläuche zwischen Hydromotor und Servoventil nicht in Frage: Schläuche wirken ja stets als Druckspeicher.

Wann ein Proportional- und wann ein Servoventil eingesetzt wird, hängt also von der erforderlichen Geschwindigkeit und Genauigkeit des Antriebs ab.

– Proportionalventile sind relativ billig, erzeugen wegen des relativ niedrigen Druckgefälles Δp von 1 MPa (= 10 bar) weniger Wärme und – was sehr wichtig ist – sind weniger schmutzanfällig. Erforderlich ist eine Filterfeinheit $\beta_{10\ldots25}=75$ (10 bis 25 µm) und eine Verunreinigungsklasse 8 bis 10 nach NAS 1638.

– Servoventile sind sehr teuer, verursachen eine gewisse Wärmeentwicklung ($\Delta p=7$ MPa) und erfordern eine sehr gute Aufbereitung mit Druckfiltern zwischen $\beta_{1\ldots5}=75$ (1 bis 5 µm) und eine Verunreinigungsklasse 4 bis 6 nach NAS 1638. Außerdem sind beim Zerlegen und Zusammenbau von Servoventilen Spezialgeräte und hohe Fachkenntnisse erforderlich.

Allgemeine Größen

A	= Fläche	m²
D, d	= Durchmesser	m
F	= Kraft	N
$\hat{F}$	= anzurechnende Kraft	N
G	= Gewichtskraft	N
M	= Drehmoment	Nm
m	= Masse	kg
n	= Drehzahl	s⁻¹
P	= Leistung	W
p	= Druck	Pa oder N/m²
q_v	= Förder- oder Schluckstrom	m³/s
Q	= Volumenstrom	L/min
r	= Radius	m
s	= Hub- oder Weglänge	m
T	= Temperatur	K
t	= Zeit	s
V	= Volumen	m³
v	= Geschwindigkeit	m/s
ρ	= Dichte	kg/m³
η	= Wirkungsgrad	–
λ	= Widerstandszahl der Rohrleitung	–
υ	= kinematische Zähigkeit	m²/s
φ	= Flächenverhältnis	–
W	= Arbeit	J

Größen für die Berechnung von Hydromotoren

n_M	= Drehzahl der Welle	s⁻¹
$P_{ab,M}$	= Abtriebsleistung an der Welle	W
$P_{an,M}$	= Motorantriebsleistung (wird dem Motor zugeführt)	W
$q_{v_{ab,M}}$	= effektiver Nutzstrom	m³/s
$q_{v_{an,M}}$	= zugeführter Volumenstrom	m³/s
M_M	= Drehmoment der Welle	Nm
V_M	= Verdrängungsvolumen	m³
$\eta_{hm}, \eta_{hm,M}$	= hydraulisch-mechanischer Wirkungsgrad	
$\eta_v, \eta_{v,M}$	= volumetrischer Wirkungsgrad	

Größen für die Berechnung von Hydropumpen

n_P	= Drehzahl der Welle	s⁻¹
$P_{ab,P}$	= hydraulische Abtriebsleistung	W
$P_{an,P}$	= Wellenantriebsleistung	W
$q_{v_{ab,P}}$	= tatsächlicher Förderstrom	m³/s
$q_{v_{th,P}}$	= theoretischer Förderstrom	m³/s
M_P	= Drehmoment der Welle	Nm
V_P	= Verdrängungsvolumen	m³
$\eta_{hm}, \eta_{hm,P}$	= hydraulisch-mechanischer Wirkungsgrad	
$\eta_v, \eta_{v,}P$	= volumetrischer Wirkungsgrad	

11 Aufgaben

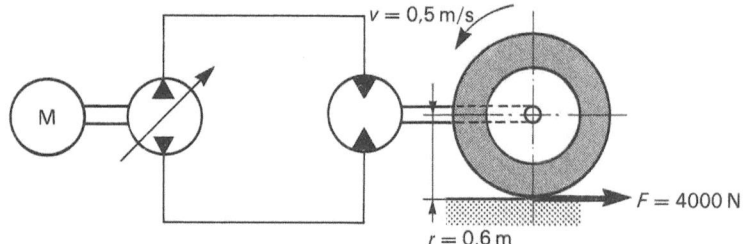

1. Gegeben:
   Zahnradpumpe:
   $V_P = 15 \cdot 10^{-6}$ m³
   $n = 30$ s⁻¹ $(= 1800$ min⁻¹$)$
   $\eta_v = 0{,}85$
   $\eta_{hm} = 0{,}9$
   $p = 12$ MPa $(= 120$ bar$)$
   Gesucht:
   $q_{v_{th,P}}$; $q_{v_{ab,P}}$; $P_{ab,P}$; $P_{an,P}$; $\eta_{ges,P}$

2. Die Pumpe aus Aufgabe 1 wird als Hydromotor verwendet. Jetzt sind zu berechnen: $q_{v_{ab,M}}$; $q_{v_{an,M}}$; $P_{ab,M}$; $P_{an,M}$; $\eta_{ges,M}$; M_M.

3. Für die Anlage in Bild 11-1 sei gegeben:
   $p = 18$ MPa $(= 180$ bar$)$
   $V_P = 30 \cdot 10^{-6}$ m³
   $\eta_{hm} = 0{,}9$
   Berechnen Sie: $P_{ab,P}$; $P_{an,P}$; $q_{v_{th,P}}$; η_v; n.

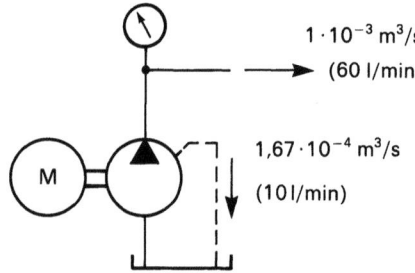

Bild 11-1

4. Für eine Axialkolbenpumpe sei gegeben:
   $k = 9$ (Anzahl der Kolben)
   $d = 10$ mm (Kolbendurchmesser)
   $s = 20$ mm (Kolbenhub)
   $n = 50$ s⁻¹ $(= 3000$ min⁻¹$)$
   $p = 26$ MPa $(= 260$ bar$)$
   $\eta_v = 0{,}9$
   $\eta_{hm} = 0{,}95$
   Berechnen Sie: V_P; $q_{v_{th,P}}$; $q_{v_{ab,P}}$; $P_{an,P}$; $P_{ab,P}$.

5. Ein Hydromotor muß ein Drehmoment M von 200 Nm bei $n = 20$ s⁻¹ $(= 1200$ min⁻¹$)$ entwickeln. Für den Motor sei gegeben:
   $V_M = 80 \cdot 10^{-6}$ m³
   $\eta_v = 0{,}85$
   $\eta_{hm} = 0{,}9$
   Berechnen Sie $q_{v_{an,M}}$; p.

6. Für einen doppeltwirkenden Hydrozylinder gilt:
   Kolbendurchmesser = 90 mm   D
   Stangendurchmesser = 50 mm d
   Hub = 600 mm   s
   $\eta_m = 0{,}9$
   $p = 10$ MPa $(= 100$ bar$)$
   $q_{v_{an}} = 6 \cdot 10^{-4}$ m³/s $(= 38{,}4$ l/min$)$

   Berechnen Sie:
   F_d die maximale Druckkraft des Zylinders;
   F_z die maximale Zugkraft des Zylinders;
   v_{aus} die Ausfahrgeschwindigkeit;
   v_{ein} die Einfahrgeschwindigkeit;
   φ das Verhältnis zwischen Kolben- und Ringfläche

7. Der Zylinder aus Aufgabe 6 wird jetzt über eine Differentialschaltung ausgefahren. Berechnen Sie die gleichen Werte und vernachlässigen Sie dabei den mechanischen Wirkungsgrad.

8. Ein Radialkolbenmotor treibt ein Rad mit einem Durchmesser von 1,2 m an. Die Umfangskraft (Zugkraft) beträgt $F = 4000$ N.
   Gegeben seien:
   Fahrgeschwindigkeit
   $v = 0{,}5$ m/s $(v = \pi \cdot D \cdot n)$
   $\eta_v = 0{,}9$
   $\eta_{hm} = 0{,}95$
   Arbeitsdruck
   $p = 20$ MPa $(= 200$ bar$)$
   Von der Pumpe ist bekannt:
   $n = 20$ s⁻¹ $(= 1200$ min⁻¹$)$
   $\eta_v = 0{,}85$
   $\eta_{hm} = 0{,}9$
   Berechnen Sie:
   das vom Motor abzugebende Drehmoment M_M;
   $P_{ab,M}$; $P_{an,M}$; $q_{v_{an,M}}$; V_M;
   $P_{an,P}$; das Verdrängungsvolumen V_P, auf das die Pumpe eingestellt werden muß.

9. Für einen Druckspeicher sei gegeben:
   $V_1 = 35 \cdot 10^{-3}$ m³ $(= 35$ l$)$
   Stickstoffvordruck $p_1 = 10$ MPa $(= 100$ bar$)$
   min. Anlagendruck $p_2 = 12$ MPa $(= 120$ bar$)$
   max. Anlagendruck $p_3 = 25$ MPa $(= 250$ bar$)$
   Berechnen Sie:
   a. das Ölvolumen V_3 im Speicher, ausgehend von einer isothermischen Kompression;
   b. das verfügbare Ölvolumen V_2 bei einer adiabatischen Expansion bis zum Druck p_2 $(\kappa = 1{,}4)$
   c. Kontrollieren Sie das berechnete Volumen V_2 anhand des Diagramms im Kapitel 5, Bild 5-2.

10. Der Schluckstrom eines Hydromotors wird mit einem 2-Wege-Stromregelventil geregelt, das auf $5 \cdot 10^{-4}$ m³/s $(= 30$ l/min$)$ eingestellt ist.
    Die Pumpe fördert $6 \cdot 10^{-4}$ m³/s $(= 36$ l/min$)$; das Überdruckventil ist auf 12 MPa $(= 120$ bar$)$ eingestellt.
    Auf den Hydromotor wirkt ein Lastdruck von 10 MPa $(= 100$ bar$)$.
    Berechnen Sie die Leistung, die bei dieser Regelung in Wärme umgewandelt wird.

11. Eine Pumpe fördert $1 \cdot 10^{-3}$ m³/s $(= 60$ l/min$)$ bei einem Druck von 15 MPa $(= 150$ bar$)$.
    Berechnen Sie den Innendurchmesser d_i
    a. der Saugleitung $(v = 0{,}5$ m/s$)$;
    b. der Druckleitung $(v = 5$ m/s$)$;
    c. der Rücklaufleitung nach dem Hydromotor $(v = 2$ m/s$)$.

    Bestimmen Sie anhand der Tabelle im Kapitel 8 (Bild 8-2) den Außendurchmesser d_a der Druckleitung.

12 Multiple-Choice-Aufgaben

1. Die von einer Hydropumpe gelieferte hydraulische Energie ist in der Flüssigkeit vorhanden in Form von:
   a. Förderstrom;
   b. Leistung;
   c. Druck.

2. Die hydraulische Leistung wird berechnet mit der Formel:
   a. $P = p \cdot q_v$;
   b. $P = p \cdot V$;
   c. $P = M \cdot 2n$.

3. Ein Schaltsymbol
   a. gibt an wie ein Bauelement wirkt;
   b. spiegelt die Funktion eines Bauelements wider;
   c. wird immer in betätigter Stellung gezeichnet.

4. Folgende Pumpen sind mit regelbarem Verdrängungsvolumen erhältlich:
   a. Axialkolbenpumpe, Flügelzellenpumpe, Zahnradpumpe;
   b. Radialkolbenpumpe, Axialkolbenpumpe, Flügelzellenpumpe;
   c. Zahnradpumpe mit Innenverzahnung und alle Kolbenpumpen.

5. Wenn das Lecköl nicht aus dem Pumpengehäuse abgeführt wird:
   a. werden die beweglichen Teile nicht mehr geschmiert;
   b. steigt der Druck im Pumpengehäuse an und der Wellendichtring wird herausgedrückt;
   c. hat die Pumpe einen höheren Wirkungsgrad.

6. Ein Hydrozylinder:
   a. ist sowohl doppelt- als auch einfachwirkend erhältlich;
   b. gibt nur beim Ausfahrhub Arbeit ab;
   c. kann große Querkräfte aufnehmen.

7. Kavitation:
   a. tritt auf, wenn der Anlagendruck zu hoch ist;
   b. läßt sich nicht verhindern;
   c. tritt vor allem im Saugteil der Anlage auf.

8. Dies ist das Symbol für ein:
   a. 4/3-Wegeventil, hebelbetätigt;
   b. 4/3-Wegeventil, pedalbetätigt;
   c. 3/4-Wegeventil, hebelbetätigt.

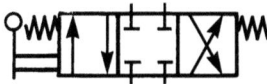

9. Indirekt werden Wegeventil betätigt:
   a. weil es billiger ist;
   b. nur in geschlossenen Systemen;
   c. bei größeren Wegeventilen wegen der erforderlichen Schaltkraft.

10. Dies ist das detaillierte Symbol für ein:
    a. indirekt betätigtes Überdruckventil;
    b. Stromregelventil;
    c. Druckminderventil.

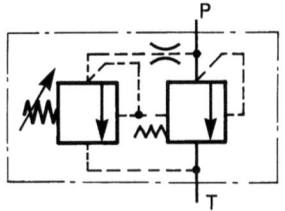

11. Durch ein auf 120 bar eingestelltes Überdruckventil strömen 40 l/min. Die dabei entstehende Verlustleistung beträgt:
    a. 800 W;
    b. 8 kW;
    c. läßt sich nicht berechnen.

12. Der Volumenstrom durch eine Drossel hängt ab von:
    a. der Druckdifferenz über der Drossel;
    b. der Größe des Drosselquerschnitts;
    c. sowohl von a. als auch von b.

13. Ein Stromregelventil:
    a. hält den Ölstrom unabhängig von der Last konstant;
    b. regelt den Druck vor dem Hydromotor;
    c. regelt die Druckdifferenz über einen Hydromotor.

14. Ein Schwenkmotor:
    a. wird häufig als Antriebsmotor für Windentrommeln eingesetzt;
    b. kann sich nur über einen bestimmten Winkel drehen;
    c. kann auch als Pumpe verwendet werden.

15. Die Strömung durch den gezeichneten Filter verläuft normalerweise:
    a. von A durch das Filterelement nach B;
    b. von B nach A;
    c. von A über das Rückschlagventil nach B.

16. Der Ölstrom, bei dem eine Schlauchbruchsicherung schließt,:
    a. muß kleiner als die maximale Pumpenförderung sein;
    b. muß genauso groß wie die maximale Pumpenförderung sein;
    c. muß größer als die maximale Pumpenförderung sein;

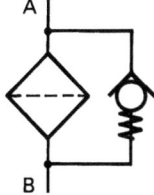

17. Die Anlage im gezeichneten Schema ist:
    a. ein offenes System;
    b. ein halboffenes System;
    c. ein geschlossenes System.

18. Bei steigender Temperatur des Hydrauliköls:
    a. nimmt die Viskosität ab;
    b. nimmt die Viskosität zu;
    c. bleibt die Viskosität konstant.

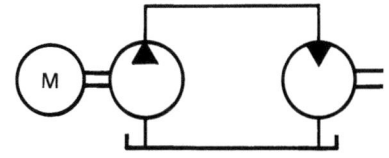

13 Antworten

19. Luft in einem Hydraulikmedium ist:
    a. löslich;
    b. unlöslich;
    c. sowohl a. als auch b.

20. Die Ölviskosität bei hohem Druck:
    a. nimmt zu;
    b. nimmt ab;
    c. bleibt unverändert.

21. Kavitation ist:
    a. die Bildung von Dampfblasen in einer (schnellströmenden) Flüssigkeit infolge von Druckverringerung;
    b. ein Schaden am hydraulischen System;
    c. molekular gelöste Luft in einer Flüssigkeit.

22. Der Viskositätsindex:
    a. ist dasselbe wie Viskosität;
    b. ist die bei 40 °C gemessene Viskosität;
    c. gibt die Temperaturabhängigkeit der Ölviskosität an.

13.1 Aufgaben Kapitel 11

1. $q_{V_{th,P}}$ = $4{,}5 \cdot 10^{-4}$ m³/s (= 27 l/min)
   $q_{V_{ab,P}}$ = $3{,}83 \cdot 10^{-4}$ m³/s (= 23 l/min)
   $P_{ab,P}$ = 4600 W (= 4,6 kW)
   $P_{an,P}$ = 6013 W (= 6 kW)
   $\eta_{ges,P}$ = 0,765

2. $q_{V_{ab,M}}$ = $4{,}5 \cdot 10^{-4}$ m³/s (= 27 l/min)
   $q_{V_{an,M}}$ = $5{,}29 \cdot 10^{-4}$ m³/s (= 31,8 l/min)
   $P_{ab,M}$ = 4860 W (= 4,9 kW)
   $P_{an,M}$ = 6353 W (= 6,4 kW)
   $\eta_{ges,M}$ = 0,765
   M_M = 25,8 Nm

3. $P_{ab,P}$ = 18000 W (= 18 kW)
   $P_{an,P}$ = 23333 W (= 23,3 kW)
   $q_{V_{th,P}}$ = $1{,}167 \cdot 10^{-3}$ m³/s (= 70 l/min)
   η_V = 0,857
   n = 38,9 s^{-1} (= 2333 min^{-1})

4. V_P = $14{,}1 \cdot 10^{-6}$ m³ (= 14,1 cm³)
   $q_{V_{th,P}}$ = $7{,}07 \cdot 10^{-4}$ m³/s (= 42,4 l/min)
   $q_{V_{ab,P}}$ = $6{,}36 \cdot 10^{-4}$ m³/s (= 38,2 l/min)
   $P_{an,P}$ = 19 360 W (= 19,4 kW)
   $P_{ab,P}$ = 16 553 W (= 16,6 kW)

5. $q_{V_{an,M}}$ = $1{,}88 \cdot 10^{-3}$ m³/s (= 112,8 l/min)
   p = 17,45 MPa (= 174,5 bar)

6. F_d = 57 255 N (= 57,3 kN)
   F_z = 39 584 N (= 39,6 kN)
   v_{aus} = 0,1 m/s (= 6 m/min)
   v_{ein} = 0,145 m/s (= 8,7 m/min)
   = 1,45

7. F_d = 19 635 N (= 19,6 kN)
   F_z = 39 584 N (= 39,6 kN)
   v_{aus} = 0,326 m/s (= 19,6 m/min)
   v_{ein} = 0,145 m/s (= 8,7 m/min)

8. M_M = 2400 Nm
   $P_{ab,M}$ = 2000 W (= 2 kW)
   $P_{an,M}$ = 2339 W (= 2,34 kW)
   $q_{V_{an,M}}$ = $1{,}17 \cdot 10^{-4}$ m³/s (= 7 l/min)
   V_M = $794 \cdot 10^{-6}$ m³ (= 794 cm³)
   $P_{an,P}$ = 3058 W (= 3,06 kW)
   V_P = $6{,}88 \cdot 10^{-6}$ m³ (= 6,88 cm³)

9. V_3 = $21 \cdot 10^{-3}$ m³ (= 21 l)
   V_2 = $9{,}65 \cdot 10^{-3}$ m³ (= 9,65 l)

10. $P_{Verlust}$ = 2200 W (= 2,2 kW)

11. a. d_i = 39 mm
    b. d_i = 12,4 mm d_a = 16 mm (16 · 1,5)
    c. d_i = 19,5 mm

13.2 Multiple-Choice-Aufgaben Kapitel 12

1. c; 2. a; 3. b; 4. b; 5. b;
6. a; 7. c; 8. a; 9. c; 10. a;
11. b; 12. c; 13. a; 14. b; 15. a;
16. c; 17. a; 18. a; 19. c; 20. a;
21. a; 22. c.

Aus dem Programm Kraftfahrzeugtechnik

Technische Lehrgänge für Ausbildung und Praxis

		ISBN
Technischer Lehrgang:	Hydraulik	3-528-04832-8
Technischer Lehrgang:	Kupplungen	3-528-04829-8
Technischer Lehrgang:	Schmierstoffe und Motoren	3-528-04827-1
Technischer Lehrgang:	Starterbatterie	3-528-04825-5
Technischer Lehrgang:	Gleitlager für Verbrennungsmotoren	3-528-04831-X
Technischer Lehrgang:	Ventile, Schäden und ihre Ursachen	3-528-04836-0
Technischer Lehrgang:	Turbolader	3-528-04826-3
Technischer Lehrgang:	Motorkraftstoffe	3-528-04834-4
Technischer Lehrgang:	Stoßdämpfer	3-528-04830-1
Technischer Lehrgang:	Automatische Getriebe	3-528-04828-X
Technischer Lehrgang:	Hydraulische Systeme, Berechnungen	3-528-04835-2

In Vorbereitung:

Technischer Lehrgang:	*Kolben, Schäden und ihre Ursachen*	*3-528-04833-6*

Fachbücher für die Ausbildung

Kraftfahrzeugtechnik
Technologie für Automobil- und Kraftfahrzeugmechaniker
von W. Staudt (Hrsg.) — 3-528-04302-4

Metalltechnik
Grundbildung für kraftfahrzeugtechnische Berufe
von W. Staudt (Hrsg.) — 3-528-04430-6

Arbeitsblätter Kraftfahrzeugtechnik
von W. Staudt (Hrsg.) — 3-528-04913-8

Elektrische Motorausrüstung
von G. Henneberger — 3-528-04764-X

Fordern Sie ausführliche Informationen direkt beim Verlag an
Friedr. Vieweg & Sohn Verlagsgesellschaft mbH
Postfach 5829, 65048 Wiesbaden

If you have any concerns about our products,
you can contact us on
ProductSafety@springernature.com

In case Publisher is established outside the EU,
the EU authorized representative is:
Springer Nature Customer Service Center GmbH
Europaplatz 3, 69115 Heidelberg, Germany

Printed by Libri Plureos GmbH
in Hamburg, Germany